高等学校计算机应用规划教材

大学计算机基础实践教程
(Win 7 + Office 2010)

主　编　杨战海　许　淳
副主编　王文发　马　燕

清华大学出版社

北　京

内 容 简 介

本书是《大学计算机基础(Win 7+Office 2010)》(ISBN 978-7-302-53193-7)一书的配套教材，每章包含实验指导和综合实验两部分内容。实验指导与课堂教学内容相对应，强调理论与实际相结合，突出应用能力的培养。综合实验的设计，以实际应用为目标，将基础知识与实践技能融入实际操作过程，既激发了学生的学习兴趣，又培养了学生的实践操作能力，从而达到理论知识和实际应用融会贯通的目的。

本书共 7 章，分别介绍了计算机基础知识、计算机网络、操作系统 Windows 7、文字处理软件 Word 2010、电子表格软件 Excel 2010、演示文稿软件 PowerPoint 2010、程序设计基础等内容。

本书内容丰富、结构清晰、语言简练、图文并茂，具有很强的实用性和可操作性，可作为高等院校计算机基础课程的配套实践教材，也可作为其他各类计算机基础教学的培训教材和自学参考书。

图书在版编目(CIP)数据

大学计算机基础实践教程：Win7 + Office 2010 / 杨战海，许淳 主编. —北京：清华大学出版社，2019
(高等学校计算机应用规划教材)

ISBN 978-7-302-53312-2

Ⅰ. ①大… Ⅱ. ①杨… ②许… Ⅲ. ①Windows 操作系统－高等学校－教材②办公自动化－应用软件－高等学校－教材　Ⅳ. ①TP316.7②TP317.1

中国版本图书馆 CIP 数据核字(2019)第 153482 号

责任编辑：王　定
封面设计：孔祥峰
版式设计：思创景点
责任校对：牛艳敏
责任印制：李红英

出版发行：清华大学出版社
　　　　　网　　　址：http://www.tup.com.cn，http://www.wqbook.com
　　　　　地　　　址：北京清华大学学研大厦 A 座　　　　　邮　　编：100084
　　　　　社 总 机：010-62770175　　　　　邮　　购：010-62786544
　　　　　投稿与读者服务：010-62776969，c-service@tup.tsinghua.edu.cn
　　　　　质 量 反 馈：010-62772015，zhiliang@tup.tsinghua.edu.cn
印 装 者：北京嘉实印刷有限公司
经　　销：全国新华书店·
开　　本：185mm×260mm　　　　　印　　张：10.75　　　　字　　数：255 千字
版　　次：2019 年 8 月第 1 版　　　　　印　　次：2019 年 8 月第 1 次印刷
定　　价：48.00 元

产品编号：082073-01

前　　言

随着计算机科学的飞速发展，以计算思维为导向、以实际应用能力培养为抓手、以创新意识培养为目标的计算机基础教育改革已经成为人们的共识，以"学生为中心"的教学模式成为当今人才培养的主旋律。本书作为《大学计算机基础(Win 7+Office 2010)》(ISBN 978-7-302-53193-7)的配套教材，其目的是通过上机实验指导和综合实验，让学生依托真实的实验环境对计算机的基本组成和工作原理有较为深入的认知与理解，对常用软件能够做到运用自如，掌握应用计算机解决实际问题的基本思路和基本方法，使学生的创新思维和创新意识得到良好培养，为后续更好地应用计算机解决实际问题奠定坚实的基础。

本书在实验内容的安排上，依据《大学计算机基础(Win 7+Office 2010)》教材内容，坚持以学生为中心，以实际应用为目标，以案例为牵引，以任务为载体，将计算思维、实际应用能力和创新意识融为一体，遵从由浅入深、循序渐进的设计原则，贯穿以知识为基、能力为要、素质为魂的育人理念，将目前大学计算机基础教育和计算机技术发展合理安排在各个实验中，全面提升学生计算机文化素养和应用计算思维解决实际问题的基本能力。

全书共分 7 个章节，全面讲述了计算机基础知识、计算机网络、操作系统 Windows 7、文字处理软件 Word 2010、电子表格软件 Excel 2010、演示文稿软件 PowerPoint 2010、程序设计基础等内容。

本书内容丰富、结构清晰、语言简练、图文并茂，以具体操作任务为驱动，将基础知识与实践技能融入实际操作过程之中，具有很强的实用性和可操作性，既激发了学生的学习兴趣，又培养了学生的实践操作能力，从而达到了理论知识和实际应用融会贯通的目的。

本书是集体智慧的结晶，由杨战海、许淳担任主编，王文发、马燕担任副主编，参加编写和校对工作的还有刘逗逗、崔桓睿、张娜、王玮等人。

由于本书内容涉及面广，要将其很好地贯穿起来难度较大，加之创作时间仓促，不足之处在所难免，恳请专家、学者和广大读者多提宝贵意见。

编　者
2019 年 5 月

目　录

第1章　计算机基础知识

第一部分　实验指导

实验一　观察和记录计算机启动过程

【实验目标】
- 了解显示器、主机面板上的开关和按钮的作用及使用方法。
- 观察计算机的启动过程，掌握正确的开机和关机方法。

【实验内容】
(1) 认知和使用显示器开关及按钮。
(2) 认知主机面板。
(3) 掌握计算机启动的三种方式。
(4) 学会正确关机的方法。

【实验步骤】

1. 认知显示器开关及按钮

显示器电源按钮(开关)：用于启动和关闭显示器。一般而言，在主机开启之前，应先打开显示器电源，即按下显示器电源按钮，此时电源指示灯开启。在关闭显示器之前，应先关闭主机电源，直至显示器不再显示信息，再关闭显示器电源。但要注意的是，显示器的电源按钮并不是传统意义上的电源按钮，而是一个触发器，它并不能真正切断电源，其作用是能够使显示器处于工作或休眠状态。

窗口控制按钮：用于调整显示器屏幕亮度、对比度、图像水平/垂直位置及屏幕自动优化等。

2. 认知主机前面板

主机电源按钮(Power)：用于打开和关闭主机电源。一般情况下，打开显示器电源后，再按下主机电源按钮开启计算机。关闭计算机时，一般选择操作系统的关机命令，即可关闭主机，不需要使用主机电源按钮。在 Windows 环境下，如果需要强制关机，则按主机电源按钮4秒以上。

复位按钮(Reset)：用于重新启动计算机。

USB 接口：用于连接 USB 设备。

音频接口：草绿色接口为音频输出端口，可以连接耳机或音箱的输入端。粉红色接口为音频输入端口，可以连接麦克风。

3. 启动计算机

启动计算机有以下三种方式。

● 加电启动：首次开机，应先按显示器的电源按钮，再按主机电源按钮。

● 复位启动：在主机已加电的情况下，按复位按钮(Reset)可以重新启动计算机。

● 热启动：在主机已加电的情况下，按 Ctrl+Alt+Del 快捷组合键可以重新启动计算机。

1) 加电启动

检查计算机显示器和主机的电源是否插好，确定电源插板已通电后，按下显示器上的电源按钮，打开显示器。

接下来，按下计算机主机前面板上的电源按钮。此时，计算机主机前面板上的电源指示灯变亮，如图 1-1 所示。计算机随即被启动，执行系统开机自检程序。观察并记录有关启动信息。

图 1-1　依次启动计算机显示器与主机

计算机启动后，自动运行监测程序。该程序有一个非常完善的硬件自检机制。以采用 AWARD BIOS 的计算机为例，它在开机自检的几秒钟内，就可以完成一百多个检测步骤，如图 1-2 所示。

图 1-2　计算机启动时的监测程序界面

完成自检后，计算机将启动操作系统，随后显示系统登录界面和桌面。

2) 复位启动和热启动

在计算机启动进入操作系统之前，可以进行复位启动或热启动，实现在不断电情况下重新启动计算机。

- 复位启动：在主机已加电的情况下，按复位按钮(Reset)重新启动计算机，观察并记录屏幕显示过程。
- 热启动：在主机已加电的情况下，按 Ctrl+Alt+Del 快捷组合键重新启动计算机，观察并记录屏幕显示过程。

3) Windows 环境下的重新启动

在操作系统 Windows 启动之后，按 Ctrl+Alt+Del 快捷组合键并不能重新启动计算机，应单击【开始】→【重新启动】命令，实现重新启动任务。

或者按 Alt+F4 快捷组合键结束有关应用程序后，再次按下 Alt+F4 快捷组合键，弹出【关闭 Windows】对话框，选择【重新启动】并单击【确定】按钮即可。

4. 关闭计算机

1) 电源按钮关机

在计算机进入操作系统之前，可以按主机电源按钮关闭主机，之后关闭显示器即可。

2) Windows 环境下关机

在操作系统 Windows 启动之后，单击【开始】→【关机】命令，实现关闭主机的任务。

或者按 Alt+F4 快捷组合键结束有关应用程序，再次按下 Alt+F4 快捷组合键，弹出【关闭 Windows】对话框，选择【关机】并单击【确定】按钮即可。

3) Windows 环境下强制关机

在 Windows 环境下，如果需要强制关机，按主机电源按钮 4 秒以上即可。

实验二　观察计算机的主要部件

【实验目标】

- 了解计算机的主要硬件部件。
- 观察计算机主要部件的连接方式。

【实验内容】

(1) 认知计算机的主要连接线。

(2) 学会拆卸计算机主机机箱。

(3) 认知计算机主要部件的外观位置。

【实验步骤】

1. 认知计算机的主要连接线

计算机连接线就是把各种外部设备连接到计算机主机的线缆，分为电源线(如图 1-3 所示)、显示器连接线和数据线。

- 电源线：主要是给设备提供电，给电池充电。
- 显示器连接线：用于主机显卡输出口或主板显示输出口与显示器输入口连接，分为 VGA、DVI、HDMI 等几种接口，图 1-4 所示为常见的 VGA 接口。

品字形插头

图 1-3　计算机电源线

图 1-4　常见的 VGA 接口

- 数据线：主要通过计算机串口、并口、USB 接口与外部输入、输出或者存储设备相连接达到互传信息的目的，例如打印机与计算机连接需要打印机 USB 线，手机与计算机连接需要手机 USB 线等。

关闭计算机电源后，断开一切与计算机相连的电源，然后拆卸下主机背面的各种接头，断开主机与外部设备的连接。

2. 学会拆卸计算机主机机箱

计算机的主要部件都安装在机箱中。机箱作为计算机配件中的一部分，它起的主要作用是放置和固定各计算机部件，同时还起到一个承托和保护作用。此外，机箱还能有效屏蔽电磁辐射。

拧下固定主机机箱背面的面板螺丝后，卸下面板，即可看到其内部的各种配件，如图 1-5 所示。

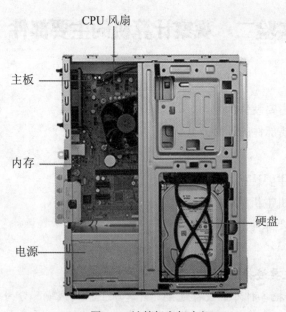

图 1-5　计算机主机内部

3. 认知计算机主要部件的外观位置

拆开计算机机箱后，在机箱内部可以看到主板、CPU、内存、各类板卡、硬盘、电源等硬件设备。

1) 主板

主板固定在计算机机箱上，其一般为矩形电路板，其上一般有 BIOS 芯片、I/O 控制芯片、键盘和面板控制开关接口、指示灯插接件、扩充插槽、主板及插卡的直流电源供电接插件等元件，如图 1-6 所示。

图 1-6 主板

2) CPU

CPU 安装在主板上的 CPU 插槽中，CPU 的上方一般安装有散热风扇。解开 CPU 散热风扇上的扣具后，拉起 CPU 插座上的压力杆即可取出 CPU，如图 1-7 所示。

(a) CPU   (b) 散热风扇

图 1-7 主板上的 CPU 和散热风扇

3) 内存

内存是计算机的重要部件之一，它是与 CPU 进行沟通的桥梁。计算机中所有程序的运行都是在内存中进行的，因此内存的性能对计算机的影响非常大。在计算机的主机中，内存一般位于主板上靠近 CPU 的位置，用手掰开主板内存插槽两侧用于固定内存卡扣后，可以将内存从主板中拔出，如图 1-8 所示。

图1-8　内存

4) 各类板卡

计算机的显卡、声卡、网卡等各类板卡安装在主板上，并固定在机箱的板卡插槽中。卸下固定各种板卡(例如显卡)的螺丝后，即可将其从主机中取出(注意主板上的固定卡扣)，如图1-9所示。

图1-9　计算机主机内的各种板卡

5) 硬盘

硬盘是计算机的主要存储媒介之一，由一个或者多个铝制或者玻璃制的碟片组成，碟片外覆盖有铁磁性材料。在计算机中拔下连接硬盘的数据线和电源线，拆掉主机驱动器架上用于固定驱动器的螺丝后，可以将其从主机驱动器架中取出，如图1-10所示。

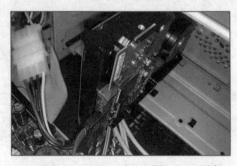

图1-10　硬盘

6) 电源

计算机电源位于计算机主机机箱上，它是把220伏(V)交流电转换成直流电，并专门为计算机中 CPU、主板、硬盘、内存条、显卡、光盘驱动器等部件供电的设备，是计算机各部件供电的枢纽。

在组装计算机时，计算机机箱上一般会留有专门的电源控件，用户只需要将电源固定在机箱上，再将电源上各种连接线与相对应的部件相连即可，如图1-11所示。

图 1-11　电源

实验三　连接计算机主机与外部设备

【实验目标】
- 了解计算机主要外部设备的接口。
- 掌握连接计算机外部设备的方法。

【实验内容】
(1) 认知计算机的主要外部设备。
(2) 认知计算机主机上的各种接口。
(3) 掌握使用连接线连接计算机主机与外部设备的方法。

【实验步骤】

1. 认知计算机的主要外部设备

计算机外部设备指的是除计算机主机外的大部分硬件设备,包括显示器、鼠标、键盘、打印机等。

- 显示器:通常也被称为监视器,属于计算机的 I/O 设备,即输入/输出设备。
- 鼠标:计算机的一种输入设备,也是计算机显示系统纵横坐标定位的指示器。
- 键盘:最常用也是最主要的输入设备。通过键盘,用户可以将英文字母、数字、标点符号等输入到计算机中,从而向计算机发出命令、输入数据等。
- 打印机:计算机的输出设备之一,用于将计算机处理结果打印在相关介质上。

2. 认知计算机主机上的各种接口

在将计算机主机和外部设备连接在一起之前,用户首先应了解计算机主机上各种接口的作用,如图 1-12 所示。

将计算机主机上的各种接口与相应的外部设备正确地相连,是计算机能够正常工作的前提。

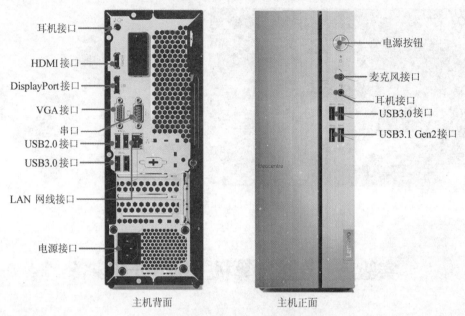

图 1-12　认识计算机主机上的各种接口

3. 掌握使用连接线连接计算机主机与外部设备的方法

1) 连接显示器电源线与数据线

将显示器自带的 VGA、HDMI 或 DisplayPort 接口数据线连接在计算机主机与显示器上，如图 1-13 所示。然后，将显示器电源线的一头插在显示器的电源接口上。

数据线　　　　　　　　　　　显示器上的数据线接口

图 1-13　使用数据线连接计算机主机和显示器

2) 连接鼠标和键盘

将鼠标和键盘线上的 USB 接头(老式键盘可能使用 PS/2 接口)连接在计算机主机前面板或背面的 USB 接口上。

3) 为显示器和主机连接电源

将显示器连线的一头插在计算机主机背面的电源接口上，再将另一头接在显示器上。

4) 连接网线

将网线与计算机主机背面的 LAN 网线接口相连，完成计算机主机与外部设备的连接。

实验四　设置计算机主板 BIOS

【实验目标】

● 进入计算机主板 BIOS 设置界面。

● 在 BIOS 中设置计算机的第一启动设备。

● 通过 BIOS 查看计算机硬件参数。

● 保存并退出 BIOS 设置。

【实验内容】

(1) 认知常见计算机主板 BIOS。

(2) 掌握进入主板 BIOS 的方法。

(3) 学会设置并保存主板 BIOS。

【实验步骤】

1. 认知常见计算机主板 BIOS

常见计算机使用较多的 BIOS 类型有 AWARD BIOS 与 AMI BIOS 两种，其中 AWARD BIOS 是目前主板使用最多的 BIOS 类型。AWARD BIOS 功能较为齐全，支持许多新硬件，界面如图 1-14 所示。

AMI BIOS 是 AMI 公司出品的 BIOS 系统软件。它对各种软、硬件的适应性好，能保证系统性能的稳定。AMI BIOS 的界面如图 1-15 所示。

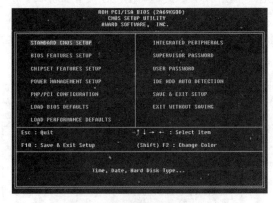

图 1-14　AWARD BIOS 界面

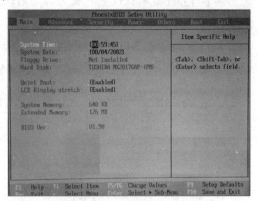

图 1-15　AMI BIOS 界面

除此之外，有些主板还提供专门的图形化 BIOS 设置界面，这里不详细阐述。

2. 掌握进入主板 BIOS 的方法

在启动计算机时按下特定的热键即可进入 BIOS 设置程序(界面)，不同类型的计算机进入 BIOS 设置程序的按键不同，有的计算机会在屏幕上给出提示。BIOS 设置程序的进入方式如下。

● AWARD BIOS：启动计算机时，按 Delete 键进入。

● AMI BIOS：启动计算机时，按 Delete 键或 Esc 键进入。

3. 学会设置并保存主板 BIOS

下面以 AWARD BIOS 设置界面(见图 1-14)为例完成本节实验，用方向键"←""↑""→""↓"移动光标选择界面上的选项，然后按 Enter 键进入子菜单，用 Esc 键返回父菜单，用 Page Up 和 Page Down 键选择具体选项。

1) 设置计算机启动设备

进入 BIOS 设置的主界面后，使用方向键"↓"选择 Advanced BIOS Features 选项，如图 1-16 所示。然后按 Enter 键，进入 Advanced BIOS Features 选项的设置界面，默认选中 First Boot Device 选项，如图 1-17 所示。

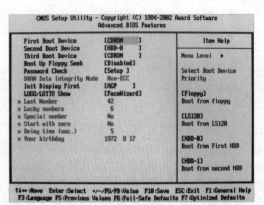

图 1-16　选择 Advanced BIOS Features 选项　　　　图 1-17　选中 First Boot Device 选项

再按 Enter 键，打开 First Boot Device 选项的设置界面，使用方向键"↑""↓"选择 CD-ROM 选项，如图 1-18 所示。

再按 Enter 键确认设置光驱为第一启动设备，然后按 Esc 键返回 BIOS 设置主界面。

2) 设置计算机参数

使用方向键选择 PC Health Status 选项，按 Enter 键进入 PC Health Status 选项的设置界面。该界面显示计算机中的多个参数，如图 1-19 所示。

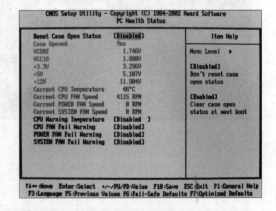

图 1-18　设置计算机的第一启动设备为光驱　　　　图 1-19　查看计算机的硬件参数

PC Health Status 设置界面中参数的含义如下。

- VCORE、VCC18、+3.3V、+5V 和 +12V：这几个选项用于自动侦测系统电压状态。
- Current CPU Temperature：自动检测 CPU 的温度。
- Current CPU FAN Speed：自动检测 CPU 风扇的转速。
- Current POWER FAN Speed：自动检测电源风扇的转速。
- Current SYSTEM FAN Speed：自动检测系统风扇的转速。

3) 保存计算机主板 BIOS

返回 BIOS 设置主界面，选择 Save & Exit Setup 选项。按 Enter 键，打开保存提示框，询问是否需要保存。输入 Y，按 Enter 键确认保存并退出 BIOS，自动重新启动计算机，如图 1-20 所示。

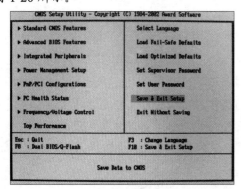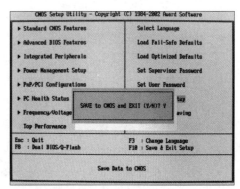

图 1-20　使用 Save & Exit Setup 选项保存并退出 BIOS 设置

实验五　手动组装计算机主机

【实验目标】
- 了解计算机主机的主要硬件。
- 掌握组装计算机主机的方法。

【实验内容】
(1) 认知组装计算机前的硬件准备。
(2) 掌握组装一台计算机的方法。

【实验步骤】

1. 认知组装计算机前的硬件准备

组装计算机前的硬件准备，指的是在装机前预备包括螺丝刀、尖嘴钳、镊子、导热硅脂等装机必备的工具。这些工具在用户装机时，具体作用如下。

- 螺丝刀：螺丝刀(又称起子)是安装和拆卸螺丝钉的专用工具。常见的螺丝刀由一字螺丝刀(又称平口螺丝刀)和十字螺丝刀(又称梅花口螺丝刀)两种。其中，十字螺丝刀在组装计算机时，常被用于固定硬盘、主板或机箱等配件；而一字螺丝刀的主要作用则是拆卸计算机配件产品的包装盒或封条，一般不经常使用，如图 1-21 所示。

- 尖嘴钳: 尖嘴钳又被称为尖头钳, 是一种运用杠杆原理的常见钳形工具, 如图 1-22 所示。在装机之前准备尖嘴钳的目的是拆卸机箱上的各种挡板或挡片。

图 1-21　螺丝刀　　　　　　　　　　　　　　图 1-22　尖嘴钳

- 镊子: 镊子在装机时的主要作用是夹取螺丝钉、线帽和各类跳线(例如主板跳线、硬盘跳线等)。
- 导热硅脂: 导热硅脂是安装风冷式散热器必不可少的用品。其功能是填充各类芯片(例如 CPU 与显卡芯片等)与散热器之间的缝隙, 协助芯片更好地进行散热。
- 排型电源插座: 计算机的硬件中有多个设备需要与市电进行连接, 因此用户在装机前至少需要准备一个多孔万用型插座, 以便在测试计算机时使用。
- 器皿: 在组装计算机时, 会用到许多螺丝和各类跳线, 这些物件体积较小, 用一个器皿将它们收集在一起可以防止小物件丢失。

2. 掌握组装一台微型计算机的方法

1) 组装 CPU

从主板的包装袋中取出主板, 放在工作台上, 在其下方垫一块塑料布, 如图 1-23 所示。将 CPU 插座上的固定拉杆拉起, 掀开用于固定 CPU 的盖子, 如图 1-24 所示。

图 1-23　取出主板　　　　　　　　　　　　　　图 1-24　拉开固定拉杆

　　将 CPU 插入插槽中, 要注意 CPU 针脚的方向问题, 如图 1-25 所示。在将 CPU 插入插槽时, 可以将 CPU 正面的三角标记对准主板 CPU 插座上三角标记后, 再将 CPU 插入主板插座。放下 ZIF 插槽上的锁杆, 锁紧 CPU, 完成 CPU 的安装操作, 如图 1-26 所示。

图 1-25　插入 CPU

图 1-26　固定锁杆

　　在 CPU 上均匀涂抹一层预先准备好的硅脂,有助于将热量由处理器传导至 CPU 风扇上,如图 1-27 所示。在涂抹硅脂时,若发现有涂抹不均匀的地方,可以用手指将其抹平。将 CPU 风扇的四角对准主板上相应的位置后,用力压下其四角的扣具,如图 1-28 所示。不同 CPU 风扇的扣具并不相同,有些 CPU 风扇的四角扣具采用螺丝设计,安装时还需要在主板的背面放置相应的螺母。

图 1-27　涂抹硅脂

图 1-28　放置风扇

　　在确认将 CPU 散热器固定在 CPU 上后,将 CPU 风扇的电源接头连接到主板的供电接口上,如图 1-29 所示。主板上供电接口的标志为 CPU_FAN,用户在连接 CPU 风扇电源时应注意,目前有三针和四针等几种不同的风扇接口,且主板上有防差错接口设计,如果发现无法将风扇电源接头插入主板供电接口,观察一下正反和类型。

图 1-29　连接风扇电源

2) 组装内存

　　主板上的内存插槽一般采用两种不同颜色来区分双通道和单通道,如图1-30 所示。将两条规格相同的内存插入主板上相同颜色的内存插槽中,即可以打开主板的双通道功能,

　　在安装内存时,先用手将内存插槽两端的扣具打开,将内存平行放入内存插槽中,如

图 1-31 所示，然后用两拇指按住内存两端轻微向下压，听到"啪"的一声响后，说明内存安装到位。

图 1-30　内存插槽　　　　　　　　　　　图 1-31　安装内存

3) 组装主板

将计算机主机机箱自带的主板垫脚螺母安放到机箱主板托架的对应位置，如图 1-32 所示。

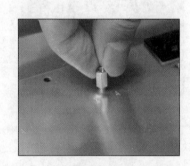

机箱　　　　　　　　　　　　　　　放置螺母

图 1-32　安装垫脚螺母

双手平托主板，将其放入机箱，如图 1-33 所示。确认主板的 I/O 接口安装到位，如图 1-34 所示。拧紧主板螺丝，将主板固定在机箱上(在装螺丝时，注意螺丝不要一开始就拧紧，等全部螺丝安装到位后，再将它们一一拧紧，这样做的好处是可以在安装主板的过程中，随时对主板的位置进行调整)。

图 1-33　将主板放入机箱　　　　　　　　图 1-34　确认 I/O 接口

4) 组装硬盘

机箱上的 3.5 寸硬盘托架设计有相应的扳手，拉动扳手即可将硬盘托架从机箱中取下，如图 1-35 所示。有些机箱的硬盘托架是固定在机箱上的，若用户采用了此类机箱，可先将硬盘直接插入硬盘托架，再固定两侧的螺丝。

取出硬盘托架后，将硬盘装入托架，如图 1-36 所示。

图 1-35　取出硬盘托架

图 1-36　装入硬盘

使用螺丝将硬盘固定在硬盘托架上，如图 1-37 所示。硬盘托架边缘有一排预留的螺丝孔，用户可以根据需要调整硬盘与托架螺丝孔，对齐后再拧上螺丝。

将硬盘托架重新装入机箱，把固定扳手拉回原位固定好硬盘托架，如图 1-38 所示。

图 1-37　固定硬盘

图 1-38　固定硬盘托架

最后，检查硬盘托架与其中的硬盘是否被牢固地固定在机箱中。

5) 组装电源

将计算机电源从包装中取出，放入机箱为电源预留的托架中，注意电源线所在的面应朝向机箱的内侧，如图 1-39 所示。

图 1-39　安装电源

完成以上操作后，用螺丝将电源固定在机箱上即可。

6) 组装显卡

在主板上找到 PCI-E 插槽，如图 1-40 所示。用手轻握显卡两端，垂直对准主板上的显卡插槽，将其插入主板的 PCI-E 插槽中，如图 1-41 所示。

图 1-40　PCI-E 插槽　　　　　　　　　　　　图 1-41　插入显卡

7) 连接数据线与电源线

将硬盘数据线的一头与主板上的 SATA 接口相连，如图 1-42 所示。将 SATA 数据线的另一头与硬盘上的 SATA 接口相连。将电源盒引出的 24pin 电源插头插入主板上的电源插座中，如图 1-43 所示。

图 1-42　连接主板 SATA 接口　　　　　　　　图 1-43　连接主板电源

在部分采用 4pin(或 6pin、8pin)的 CPU 供电接口加强供电接口设计，用户将其与主板上相应的电源插座相连即可，如图 1-44 所示。

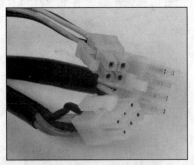

(a) 4pin、6pin 和 8pin 电源接口　　　　　　(b) 连接主板 CPU 供电电源

图 1-44　连接 CPU 供电电源

将 SATA 硬件电源接口与计算机硬盘的电源插槽相连，如图 1-45 所示。SATA 接口设备的电源接口与 IDE 设备的电源接口不一样，用户在连接电源线时，应注意这一点。

(a) SATA 硬盘电源接口　　　　　　　　　　　　(b) 连接硬盘电源

图 1-45　连接 SATA 硬盘电源

8) 整理连接线并关闭机箱盖

整理主机机箱中的各种连接线，然后盖上主机机箱盖板并拧紧螺丝，如图 1-46 所示。

拧紧螺丝

图 1-46　完成计算机主机的组装

实验六　文字输入指法练习

【实验目标】

- 掌握计算机键盘的布局及输入方法。
- 掌握指法练习的要领和具体方法。

【实验内容】

(1) 掌握使用输入法输入英文的方法。

(2) 练习使用中文输入法输入文本。

【实验步骤】

1. 掌握使用输入法输入英文的方法

在指法训练时注意基本键指法，即开始打字前，左手小指、无名指、中指和食指分别虚放在 A、S、D、F 键上，右手食指、中指、无名指和小指虚放在 J、K、L、; 键上，两个大拇指则虚放在空格键上。要求在【附件】的【记事本】中快速完成图 1-47 所示基准键的训练内容。

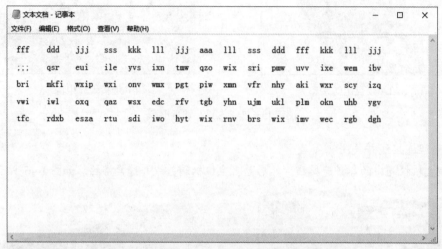

图 1-47　指法练习 1

按照正确的指法，继续输入图 1-48 所示的英文，以巩固指法训练。

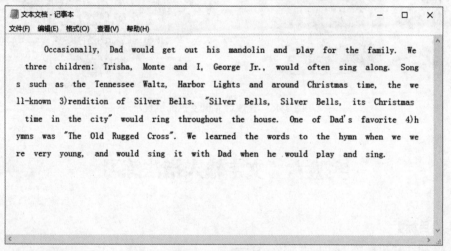

图 1-48　指法练习 2

2. 练习使用中文输入法输入文本

按下快捷组合键 Ctrl+Shift 切换一种中文输入法，在最短的时间内完成图 1-49 所示文章的输入，以时间、正确率作为评分标准(在 Word 软件或记事本程序中完成文章内容的输入)。

2016 年是"十三五"开局之年，亦是决胜全面小康的开局之年。每个五年规划，是世界窥探中国道路的"密码"，也是国家和政府把握发展方向和节奏的逻辑。今年的两会，审议"十三五"规划纲要草案是重中之重。这既是因为"十三五"规划是对十八大以来以习近平为总书记的党中央形成的一系列治国理政的新理念、新思想、新战略的集中体现，更是实现全面建成小康社会第一个百年奋斗目标决胜阶段的行动纲领。"雄关漫道真如铁，而今迈步从头越。"这十四个字，或可成为"十三五"的开场白。十八届五中全会强调，实现"十三五"时期发展目标，破解发展难题，厚植发展优势，必须牢固树立并切实贯彻"创新、协调、绿色、开放、共享"的发展理念。五大理念，创新为王。转型需要"由快到好"、升级亟待"由大到强"，没有创新，寸步难行。"创新是一个民族进步的灵魂，是一个国家兴旺发达的不竭源泉，也是中华民族最鲜明的民族禀赋。"无论是在推进改革中强调"把科技创新摆在国家发展全局的核心位置"，还是在经济转型中提出"科技发展的方向就是创新、创新、再创新"，在习近平总书记的执政理念中，"创新"始终有着明显的"优先级"。于此而言，"创新驱动发展成效显著"被列入"今后五年经济社会发展的主要目标"，就是水到渠成，亦是众望所归。惟有创新，才能努力跨越"中等收入陷阱"，不断开拓发展新境界。二是目标所需。无论是"到2020年，我国经济年均增长保持在 6.5% 以上"，还是"全社会研发经费投入强度达到 2.5%，科技进步对经济增长的贡献率达到 60%，迈进创新型国家和人才强国行列"，乃至于"森林覆盖率达到 23.04%，地级及以上城市空气质量优良天数比率超过 80%，地表水质量达到或好于 III 类水体比例超过 70%"……创新是第一动力、创新是第一药方。因此，"必须把创新摆在国家发展全局的核心位置，不断推进理论创新、制度创新、科技创新、文化创新等各方面创新，让创新贯穿党和国家一切工作，让创新在全社会蔚然成风。"三是民心所向。无论是供给侧结构性改革，是把群众史观摆在正确的位置，就是把民生福祉与社会规律摆在正确的位置，既顺时而动，又因应民意。蓝图引领脚步，创新改变中国。正如规划所言：实现"十三五"时期发展目标，前景光明，任务繁重。但，可以预言的是，"十三五"期间，"创新"必将从有形的热词进而成为无形的理念，渗透进经济社会的方方面面，进而成为推进"四个全面"的战略伟力。

图 1-49　中文输入练习 1

按照正确的指法，继续练习输入图 1-50 所示的文字，以巩固指法输入练习效果。

神舟飞船是中国自行研制，具有完全自主知识产权，达到或优于国际第三代载人飞船技术的飞船。神舟号飞船是采用三舱一段，即由返回舱、轨道舱、推进舱和附加段构成，由13个分系统组成。神舟号飞船与国外第三代飞船相比，具有起点高、具备留轨利用能力等特点。神舟系列载人飞船由专门为其研制的长征二号 F 火箭发射升空，发射基地是酒泉卫星发射中心，回收地点在内蒙古中部的四子王旗载天着陆场。

飞船结构分为：轨道舱、返回舱、推进舱、附加段，四部分，"神舟"飞船的轨道舱是一个圆柱体，总长度为 2.8 米，最大直径 2.27 米，一端与返回舱相通，另一端与空间对接机构连接。轨道舱被称为"多功能厅"，因为凡名载天员除了升空和返回时要进入返回舱以外，其它时间都在轨道舱里。轨道舱集工作、吃饭、睡觉和清洁等诸多功能于一体。

为了使轨道舱在独立飞行的阶段可以获得电力，轨道舱的两侧安装了太阳电池板翼，每块太阳翼除去三角部分面积为 2.0×3.4 米，轨道舱自由飞行时，可以由它提供 0.5 千瓦以上的电力。轨道舱尾部有 4 组小的推进发动机，每组 4 个，为飞船提供辅助推力和轨道舱分离后继续保持轨道运动的能力；轨道舱一侧靠近返回舱部分有一个圆形的舱门，为载天员进出轨道舱提供了通道，不过，该舱门的最大直径仅 65 厘米，只有身体灵巧、受过专门训练的人才能进出自由。舱门的上面有轨道舱的观察窗。

轨道舱是飞船进入轨道后载天员工作、生活的场所。舱内除备有食物、饮水和大小便收集器等生活装置外，还有空间应用和科学试验用的仪器设备。

返回舱返回后，轨道舱相当于一颗对地观察卫星或太空实验室，它将继续留在轨道上工作半年左右。轨道舱留轨利用是中国飞船的一大特色，俄罗斯和美国飞船的轨道舱和返回舱分离后，一般是废弃不用的。

神舟飞船的返回舱呈钟形，有舱门与轨道舱相通。返回舱式飞船的指挥控制中心，内设可供 3 名航天员斜躺的座椅，供载天员起飞、上升和返回阶段乘坐。座椅前方是仪表板、手拉操纵手柄和光学瞄准镜等，显示飞船上各系统机器设备的状况。航天员通过这些仪表进行监视，并在必要时控制飞船上系统机器设备的工作。轨道舱和返回舱均是密闭的舱段，内有环境控制和生命保障系统，确保舱内无漏一个大气压力的氧氮混合气体，并将温度和湿度调节到人体合适的范围，确保载天员在整个飞行任务过程中的生命安全。

另外，舱内还安装了供着陆用的主、备两具降落伞。神舟号飞船的返回舱侧壁上开设了两个圆形窗口，一个用于航天员观测窗外的情景，另一个供载天员操作光学瞄准镜观测地面驾驶飞船。返回舱的底座是金属架尿密封结构，上面安装了返回舱的仪器设备，该底座重量轻便，且十分坚固，在返回舱返回地面进入大气层时，保护返回舱不被炙热的大气烧毁。

图 1-50　中文输入练习 2

第二部分　综合实验

实验一　拆装机并检测与排除故障

【实验目标】

综合应用拆装机、操作系统安装与配置、故障检测与排除技术，解决实际遇到的计算机故障问题。

【实验内容】

(1) 对于产生故障的计算机，检测分析故障原因，定位故障部件。

(2) 更换或者检修故障部件。

(3) 如果需要，重新安装操作系统和应用软件。

(4) 完成必要的配置。

实验二　安装双硬盘

【实验目标】

综合应用拆装机、设置计算机主板 BIOS，在计算机上安装双硬盘。

【实验内容】

(1) 了解主板上的硬盘数据线接口的型号。

(2) 正确设置两块硬盘的主从跳线。

(3) 将两块硬盘正确连接在主板并固定在机箱内。

(4) 启动计算机，对两块硬盘进行分区格式化设置。

实验三　练习中英文混合打字

【实验目标】

综合文字输入与指法练习，在 Windows 7 自带的【记事本】工具中练习中英文混合打字，输入一篇中英文对照文章。

【实验内容】

(1) 掌握使用输入法输入中文与英文的方法。

(2) 掌握中文与英文输入相互切换的方法。

(3) 熟悉键盘的布局和输入文本时的指法。

(4) 掌握通用快捷键的使用(快捷组合键 Ctrl+N 为创建新文档；快捷组合键 Ctrl+S 为保

存文档；快捷组合键 Ctrl+O 为打开文档)。

实验四　使用杀毒软件查杀病毒

【实验目标】

在计算机上安装 360 杀毒软件，并使用该软件查杀计算机病毒。

【实验内容】

(1) 使用网线将计算机接入局域网，并设置计算机通过局域网访问 Internet。

(2) 下载并安装 360 杀毒软件，在线更新杀毒软件病毒库。

(3) 执行"全面扫描"检测计算机病毒。

(4) 发现可疑程序(或文件)后，根据所学的知识分析并处理该程序(或文件)。

(5) 再一次执行"全面扫描"操作，确保计算机安全无毒。

第2章 计算机网络

实验一 设置 IP 地址组建局域网

【实验目标】

- 掌握在 Windows 7 中设置 IP 地址的方法。
- 掌握测试网络连通性的方法。
- 掌握设置计算机名称的方法。

【实验内容】

(1) 打开【网络和共享中心】窗口。

(2) 配置计算机 IP 地址、默认网关和 DNS 服务器地址。

(3) 使用 Ping 命令检测网络连通性。

(4) 更改计算机名称。

【实验步骤】

1. 打开【网络和共享中心】窗口

启动 Windows 7 后单击任务栏右方的网络按钮 ，在打开的面板中单击【打开网络和共享中心】链接，打开【网络和共享中心】窗口，如图 2-1 和图 2-2 所示。

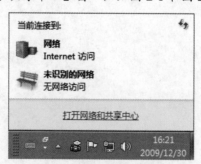

图 2-1 单击【打开网络和共享中心】

图 2-2　【网络和共享中心】窗口

2. 配置计算机 IP 地址、默认网关和 DNS 服务器地址

在【网络和共享中心】窗口中单击【本地连接】链接，打开【本地连接 状态】对话框，如图 2-3 所示。单击【属性】按钮，打开【本地连接 属性】对话框，如图 2-4 所示。

双击【本地连接 属性】对话框中的【Internet 协议版本 4(TCP/IPv4)】选项，如图 2-4 所示，打开【Internet 协议版本 4(TCP/IPv4)属性】对话框。

图 2-3　【本地连接 状态】对话框

图 2-4　【本地连接 属性】对话框

在【IP 地址】文本框中输入本机的 IP 地址，按下 Tab 键会自动填写【子网掩码】，然后分别在【默认网关】、【首选 DNS 服务器】和【备用 DNS 服务器】中设置相应的地址，如图 2-5 所示。

设置完成后，单击【确定】按钮，返回【本地连接 属性】对话框，单击【确定】按钮，完成 IP 地址的设置，如图 2-6 所示(设置 IP 地址时应注意，在同一局域网中不能存在两个相同的 IP 地址)。

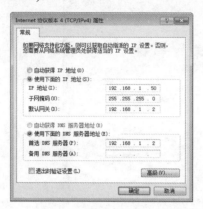

图 2-5　配置 IP 地址

图 2-6　完成 IP 地址设置

3. 使用 Ping 命令检测网络连通性

单击【开始】按钮，在搜索框中输入命令 cmd，然后按 Enter 键，打开【命令提示符】窗口。如果网络中有一台计算机(非本机)的 IP 地址是：192.168.1.50，可在该窗口中输入命令 ping 192.168.1.50，然后按 Enter 键。

若显示图 2-7 所示的测试结果，则说明网络已经正常连通；如果显示图 2-8 所示的测试结果，则说明网络未正常连通。

图 2-7　网络正常连通

图 2-8　网络未正常连通

4. 更改计算机名称

在桌面上右击【计算机】图标，选择【属性】命令，如图 2-9 所示，打开【系统】窗口，如图 2-10 所示。单击计算机名后面的【更改设置】链接，打开【系统属性】对话框。

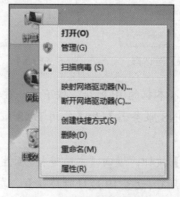

图 2-9　选择【属性】命令

图 2-10 【系统】窗口

如图 2-11 所示，单击【更改】按钮，打开【计算机名/域更改】对话框。在【计算机名】文本框中输入计算机的新名称，然后单击【确定】按钮，如图 2-12 所示。

图 2-11 【系统属性】对话框

图 2-12 【计算机名/域更改】对话框

弹出提示对话框，系统提示用户要重新启动计算机才能使设置生效，单击【确定】按钮，如图 2-13 所示。

当试图关闭所有的对话框时，将打开图 2-14 所示的对话框，单击【立即重新启动】按钮。

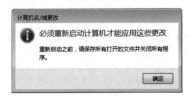

图 2-13 提示需要重启计算机

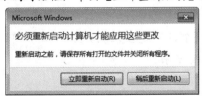

图 2-14 立即重新启动

实验二 局域网内共享文件夹和文件

【实验目标】

● 掌握在 Windows 7 中创建家庭组的方法。

● 掌握在 Windows 7 中设置局域网共享文件资源的方法。

【实验内容】

(1) 创建家庭组。

(2) 设置局域网共享文件。

【实验步骤】

1. 创建家庭组

单击 Windows 7 任务栏右方的网络按钮，在打开的面板中单击【打开网络和共享中心】链接，如图 2-15 所示。打开【网络和共享中心】窗口，如图 2-16 所示。如果计算机从来没有创建过家庭组，则单击【工作网络】链接，打开【设置网络位置】对话框。

图 2-15 单击【打开网络和共享中心】　　　　图 2-16 设置工作网络

在【设置网络位置】对话框中选择【家庭网络】选项，打开【创建家庭组】对话框，如图 2-17 所示。

在【创建家庭组】对话框中，用户可以设置允许共享的项目，然后单击【下一步】按钮，如图 2-18 所示。

图 2-17　设置网络位置

图 2-18　创建家庭组

开始创建家庭组，显示创建进度，如图 2-19 所示。创建完成后，在打开的对话框中显示用于其他计算机加入家庭组的密码，单击【完成】按钮，完成家庭组的创建，如图 2-20 所示。

图 2-19　正在创建家庭组

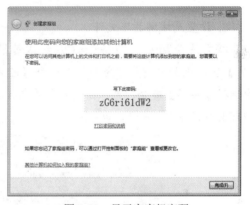

图 2-20　显示家庭组密码

打开资源管理器，选择对话框左侧的【家庭组】选项，打开【家庭组】窗口，然后单击【立即加入】按钮，将局域网中的其他计算机加入家庭组，如图 2-21 所示。

图 2-21　加入家庭组

打开【加入家庭组】对话框，在其文本框中输入要加入的家庭组密码，然后单击【下一步】按钮，如图 2-22 所示。

图 2-22　输入家庭组密码

2. 设置局域网共享文件

将文件资源共享给同一个家庭组成员很容易，用户只需把要共享的文件复制到相应的
【库】里，比如将图片"企鹅"复制到【图片库】中，然后右击该图片，在弹出的快捷菜单
中选择【共享】命令，再根据用户需要选择【家庭组(读取)】或【家庭组(读取/写入)】命令，
即可共享该图片，如图 2-23 所示。

图 2-23　选择【共享】命令

访问局域网内其他家庭组成员的共享资源也很简单，用户只需单击窗口左侧导航窗格内
【家庭组】选项下的成员计算机名，双击想要看的库，即可访问该库里的共享资源，如图 2-24
所示。

图 2-24　访问其他家庭组成员

实验三　使用 IE 浏览器

【实验目标】

- 掌握使用 IE 浏览器访问网页的方法。
- 掌握使用 IE 浏览器收藏网页的方法。
- 掌握使用 IE 浏览器保存网页的方法。

【实验内容】

(1) 访问网页。

(2) 收藏网页。

(3) 保存网页。

【实验步骤】

1. 访问网页

启动 Windows 7 系统自带的 IE 浏览器，在地址栏中输入网址 www.163.com，按 Enter 键，打开图 2-25 所示的网易主页。单击【新选项卡】按钮，打开一个新的选项卡，如图 2-26 所示。

图 2-25　网易主页

【新选项卡】按钮

图 2-26　新建选项卡

在地址栏中输入网址 www.sina.com.cn，按 Enter 键，打开图 2-27 所示的新浪主页。如图 2-28 所示，右击某个超链接，在弹出的快捷菜单中选择【在新选项卡中打开】命令，即可在一个新的选项卡中打开该链接。

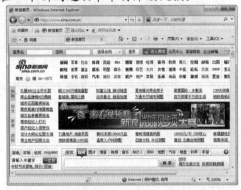
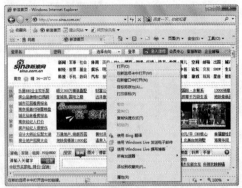

图 2-27　新浪主页　　　　　　　　　　　　图 2-28　在新建选项卡中打开链接

使用上面的方法，用户可在一个 IE 窗口中打开多个选项卡。

单击【快速导航选项卡】按钮，可使当前 IE 窗口内的所有选项卡对应的页面以缩略图的方式平铺显示，如图 2-29 所示。单击某个缩略图，即可放大查看该网页。

图 2-29　查看网页缩略图

2. 收藏网页

若要将当前网页添加到浏览器收藏夹中，只需在网页的空白处右击鼠标，在弹出的快捷菜单中选择【添加到收藏夹】命令即可。或者单击菜单栏上的【收藏夹】，选择【添加到收藏夹】，如图 2-30 所示。

若在 IE 浏览器中打开了多个选项卡，按快捷组合键 Alt+Z，在打开的快捷菜单中选择【将当前选项卡添加到收藏夹】命令，然后在打开的对话框中设置存放链接的文件夹名称，并选择存放的位置，然后单击【添加】按钮即可收藏打开的网页，如图 2-31 所示。

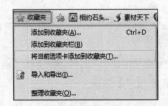
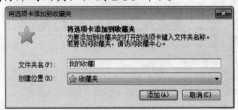

图 2-30　【收藏夹】菜单　　　　　　　　　图 2-31　【将选项卡添加到收藏夹】对话框

3. 保存网页

在 IE 浏览器的菜单栏中选择【网页】|【另存为】命令，打开【保存网页】对话框。在【保存网页】对话框中选定网页的保存位置，然后在【保存类型】下拉列表中选择【网页，全部(*.htm;*.html)】选项。选择完成后，单击【保存】按钮，即可将整个网页保存下来，如图 2-32 所示。

图 2-32　保存网页

找到网页的保存位置，双击网页保存的文件，即可打开保存的网页。需要注意的是，使用该种方法仅保存了当前网页中的内容，而网页中的超链接未被保存。

实验四　使用搜索引擎

【实验目标】

- 掌握使用"百度"搜索引擎搜索关键词的方法。
- 掌握使用"百度"搜索引擎搜索新闻的方法。
- 掌握使用"百度"搜索引擎搜索图片的方法。

【实验内容】

(1) 搜索关键词。

(2) 搜索新闻。

(3) 搜索图片。

【实验步骤】

1. 搜索关键词

启动 IE 浏览器，在地址栏中输入百度网址 www.baidu.com，访问百度页面。在页面的文本框中输入要搜索网页的关键字，本例输入"智能手机"，然后单击【百度一下】按钮，如图 2-33 所示。

图 2-33　输入搜索关键字

　　百度会根据搜索关键字自动查找相关网页，查找完成后在新页面中以列表形式显示相关网页，如图 2-34 所示。

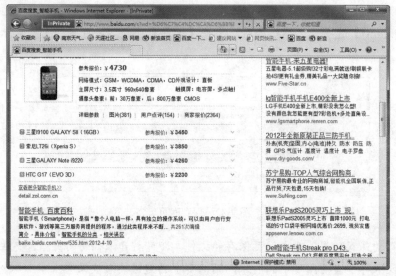

图 2-34　关键字搜索结果

　　在列表中单击超链接，即可打开对应的网页。例如单击【智能手机 百度百科】超链接，可以在浏览器中访问对应的网页，如图 2-35 所示。

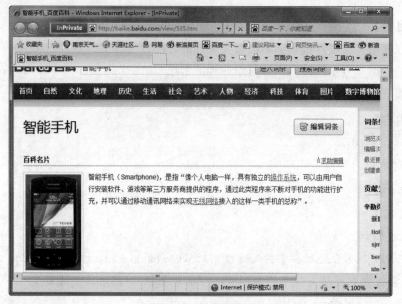

图 2-35　访问网页

2. 搜索新闻

　　打开百度搜索引擎主页面，在其中单击【更多产品】超链接，在显示的列表中单击【新闻】选项，如图 2-36 所示。

图 2-36　选择搜索新闻

打开百度新闻的首页，在其中可以查看百度整理归纳的重要新闻，如图 2-37 所示。在百度新闻页面上方的文本框中可以输入要搜索新闻的关键字，这里输入"奥运会"，然后单击【百度一下】按钮，百度将以列表形式显示奥运会方面的新闻。单击新闻标题超链接，即可查看新闻的具体内容，如图 2-38 所示。

图 2-37　百度新闻首页

图 2-38　新闻搜索结果

3. 搜索图片

在图 2-38 所示的新闻搜索结果页面中单击百度搜索引擎页面顶部导航栏中的【图片】选项，切换到图片搜索页面，此时将显示与关键词"奥运会"相关的图片，如图 2-39 所示。

图 2-39　百度图片搜索结果

在图片搜索页面输入图片关键字，例如"风景"；在文本框下方单击【全部尺寸】下拉按钮，从弹出的列表中选择一种尺寸，如图 2-40 所示。单击【百度一下】按钮，即可搜索指定尺寸大小的图片，并显示在页面下方。

图 2-40　搜索指定大小的图片

实验五　收发电子邮件

【实验目标】

- 掌握注册 126 电子邮箱的方法。
- 学会通过网页邮箱阅读并回复电子邮件。

- 掌握撰写与发送电子邮件的方法。
- 掌握转发与删除电子邮件的方法。

【实验内容】

(1) 注册 126 电子邮箱。

(2) 登录电子邮箱。

(3) 阅读并回复电子邮件。

(4) 撰写并发送电子邮件。

(5) 转发电子邮件。

(6) 删除电子邮件。

【实验步骤】

1. 注册 126 电子邮箱

打开 IE 浏览器，在地址栏中输入网址 http://www.126.com/，按 Enter 键，进入 126 电子邮箱的首页。单击首页中的【注册】按钮，打开注册页面，如图 2-41 所示。

图 2-41　126 电子邮箱注册页面

在【邮件地址】文本框中输入想要使用的邮件地址，在【密码】和【确认密码】文本框中输入邮箱的登录密码，如图 2-42 所示。

图 2-42　设置密码和邮件地址

在【验证码】文本框中输入验证码,然后选中【同意"服务条款"和"隐私权保护和个人信息利用政策"】复选框,如图 2-43 所示。单击【立即注册】按钮,提交个人资料,注册成功后显示图 2-44 所示的界面。

图 2-43　输入验证码　　　　　　　　　图 2-44　成功注册 126 电子邮箱

从图 2-44 中可以看出,新注册的电子邮箱地址为 xiaoduo1990815@126.com。

2. 登录电子邮箱

打开 IE 浏览器,在地址栏中输入网址 http://www.126.com/,按 Enter 键,进入 126 电子邮箱的首页。在【用户名】文本框中输入 xiaoduo1990815,在【密码】文本框中输入邮箱的密码,按 Enter 键或者单击【登录】按钮,即可登录邮箱,如图 2-45 所示。

图 2-45　登录 126 电子邮箱

3. 阅读并回复电子邮件

电子邮箱登录成功后,如果邮箱中有新邮件,系统会在邮箱的主界面中提示用户,同时在界面左侧的【收件箱】按钮后面显示新邮件的数量,如图 2-46 所示。

单击【收件箱】按钮,打开邮件列表,如图 2-47 所示。在该列表中单击新邮件的名称,即可打开并阅读该邮件。

如图 2-48 所示,单击邮件上方的【回复】按钮,可打开回复邮件的页面。系统自动在【收件人】和【主题】文本框中添加收件人的地址和邮件的主题(如果用户不想使用系统自动添加的主题,还可对其进行修改)。用户只需在写信区域输入要回复的内容,然后单击【发送】按钮,如图 2-49 所示。

图 2-46　邮箱主界面

图 2-47　【收件箱】邮件列表

图 2-48　回复邮件

图 2-49　输入邮件回复内容

发送完后弹出【邮件发送成功】的提示页面，此时已完成邮件的回复，如图 2-50 所示。

图 2-50　成功回复邮件

4. 撰写并发送电子邮件

返回 126 电子邮箱主界面，然后单击邮箱界面左侧的【写信】按钮，打开写信的页面，如图 2-51 所示。

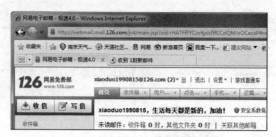

图 2-51　写邮件

在【收件人】文本框中输入收件人的电子邮件地址 llhui2003@163.com，在【主题】文本框中输入邮件的主题，例如"最近忙吗？"，然后在邮件内容区域输入邮件的正文。输入完成后，单击【发送】按钮，即可发送电子邮件，稍后系统会打开【邮件发送成功】的提示页面，如图 2-52 所示。

图 2-52　撰写并发送电子邮件

单击邮箱主界面左侧的【写信】按钮，打开写信的页面。在【收件人】文本框中输入收件人的电子邮件地址 llhui2003@163.com，在【主题】文本框中输入邮件的主题"这是你要的合同，请查收！"，在邮件内容区域输入邮件的正文。

输入完成后，单击【添加附件】链接，打开【选择要上载的文件】对话框。在该对话框中选择要发给对方的 Word 文档，单击【打开】按钮，如图 2-53 所示。此时选中的文档将以附件的形式自动上传，如图 2-54 所示。

图 2-53　在新邮件中上传附件

上传完成后，单击【发送】按钮，即可发送带有附件的电子邮件。稍后系统会打开【邮件发送成功】的页面。

5. 转发电子邮件

要转发电子邮件，可先打开该邮件，然后单击邮件上方的【转发】按钮，如图 2-55 所示，打开转发邮件的页面。在转发页面中，邮件的主题和正文系统已自动添加，可根据需要对其进行修改。

图 2-54　发送带附件的邮件

图 2-55　修改邮件内容

修改完成后，在【收件人】文本框中输入收件人的地址，然后单击【发送】按钮，即可转发电子邮件。

6. 删除电子邮件

如果邮箱中的邮件过多，可将一些不重要的邮件删除。在收件箱列表中，选中要删除邮件左侧的复选框，然后单击【删除】按钮，即将选中的邮件删除(使用此方法可一次删除多封邮件)。

第二部分　综合实验

实验一　设置 IE 浏览器

【实验目标】

在 Windows 7 中配置 IE 浏览器的主页、兼容模式、字体和安全设置。

【实验内容】

(1) 设置 IE 浏览器的主页。

(2) 设置 IE 浏览器的兼容模式。

(3) 设置 IE 浏览器的字体。

(4) 配置 IE 浏览器的安全设置。

实验二　远程桌面连接

【实验目标】

在 Windows 7 中配置远程桌面连接。

【实验内容】

(1) 通过【控制面板】窗口打开【系统】窗口，查看计算机基本配置。

(2) 通过【远程设置】窗口打开【系统属性】对话框。

(3) 在【系统属性】对话框的【远程】选项卡中设置系统远程连接。

实验三　Outlook 的配置及收发邮件

【实验目标】

在 Windows 7 中配置 Outlook 收发电子邮件。

【实验内容】

(1) 启动 Outlook 并使用向导配置电子邮件账户。

(2) 使用 Outlook 接收电子邮件。

(3) 使用 Outlook 撰写并发送电子邮件。

实验四　网页设计与制作

【实验目标】

使用 Dreamweaver 可视化网页编辑器制作一个简单的网页。

【实验内容】

(1) 启动 Dreamweaver 并配置一个本地站点。

(2) 按快捷组合键 Ctrl+N 打开【新建文档】对话框，创建一个空白网页。

(3) 通过 Dreamweaver 设计视图，在网页中输入文本。

(4) 选择【插入】|【图片】命令，在网页中插入图片。

(5) 按快捷组合键 Ctrl+S 保存网页，按 F12 键预览网页效果。

第3章 操作系统Windows 7

第一部分 实验指导

实验一 Windows 7 的基本操作

【实验目标】
- 掌握启动与退出 Windows 7 的方法。
- 掌握添加 Windows 7 桌面图标的方法。
- 掌握排列和重命名桌面图标的方法。
- 学会通过【开始】菜单启动软件。
- 掌握清除最近打开的程序记录的方法。

【实验内容】
(1) 启动并登录 Windows 7 系统。
(2) 关闭与更新 Windows 7 系统。
(3) 在系统桌面添加图标。
(4) 排列 Windows 系统桌面图标。
(5) 重命名 Windows 系统桌面图标。
(6) 使用【开始】菜单搜索软件。
(7) 清除【开始】菜单中最近打开的程序记录。

【实验步骤】

1. 启动并登录 Windows 7 系统

确定计算机主机和显示器都已接通电源，然后按下显示器和主机的电源按钮。在启动过程中，计算机会进行自检并进入操作系统。如果系统设置有密码，则需要输入密码，如图 3-1 所示。输入密码后按 Enter 键，稍后即可进入 Windows 7 系统的桌面，如图 3-2 所示。

图 3-1 输入密码

图 3-2 Windows 7 桌面

2. 关闭与更新 Windows 7 系统

单击【开始】按钮，在弹出的【开始】菜单中单击【关机】按钮，如图 3-3 所示，Windows 退出系统，如图 3-4 所示(单击【开始】按钮，在面板上的【关机】按钮旁，有个 ▶ 按钮，单击后弹出下拉菜单，选择其中【重新启动】命令，即可重新启动 Windows 7 系统)。

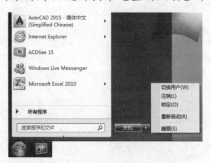

图 3-3 【关机】下拉菜单

图 3-4 注销系统

Windows 7 操作系统在关闭时，如果有更新，则自动安装更新文件，安装完成后即自动关闭系统。

3. 在系统桌面添加图标

重新启动 Windows 7 系统，在桌面空白处右击鼠标，在弹出的快捷菜单中选择【个性化】命令，如图 3-5 所示。

单击【个性化】窗口左侧的【更改桌面图标】文字链接，打开【桌面图标设置】对话框，如图 3-6 所示。

图 3-5 桌面右键菜单

图 3-6 【个性化】窗口

在【桌面图标设置】对话框里选中【计算机】、【网络】、【回收站】复选框，然后单击【确定】按钮，如图 3-7 所示，即可在桌面上添加这三个图标。

图 3-7　在系统桌面添加三个图标

4. 排列 Windows 系统桌面图标

在桌面上右击鼠标，在弹出的快捷菜单中选择【排序方式】|【修改日期】命令。此时桌面图标按照修改日期的先后顺序进行排列，如图 3-8 所示。

图 3-8　设置按修改日期排列桌面图标

5. 重命名 Windows 系统桌面图标

右击【计算机】图标，在弹出的快捷菜单中选择【重命名】命令。此时图标的名称显示为可编辑状态，直接使用键盘输入新的图标名称，然后按 Enter 键或者在桌面的其他位置单击，即可完成图标的重命名，如图 3-9 所示。

图 3-9　设置重命名【计算机】图标

6. 使用【开始】菜单搜索软件

单击【开始】按钮，打开【开始】菜单，在【搜索程序和文件】文本框中输入"迅雷"，如图 3-10 所示。系统自动搜索出与关键字"迅雷"相匹配的内容，并将结果显示在【开始】菜单的里面，如图 3-11 所示。

图 3-10　【开始】菜单

图 3-11　搜索"迅雷"

在搜索结果中单击【启动迅雷】命令，即可启动迅雷软件。

7. 清除【开始】菜单中最近打开的程序记录

右击桌面左下角的【开始】按钮图标，在弹出的快捷菜单中选择【属性】命令，打开【任务栏和「开始」菜单属性】对话框，如图 3-12 和图 3-13 所示。

取消选中图 3-13 所示的两个复选框，然后单击【应用】按钮，即可清除最近打开的程序和文档记录。

图 3-12　右击【开始】按钮

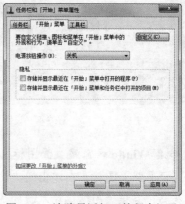

图 3-13　清除最近打开的程序记录

实验二　管理文件和文件夹

【实验目标】

- 掌握创建文件和文件夹的方法。
- 掌握复制、移动文件和文件夹的方法。
- 掌握隐藏、显示文件和文件夹的方法。
- 掌握排序文件和文件夹的方法。
- 掌握压缩文件和文件夹的方法
- 掌握设置共享文件和文件夹的方法。

【实验内容】

(1) 创建文件夹与文件。

(2) 复制与移动文件或文件夹。

(3) 隐藏与显示文件或文件夹。

(4) 排序文件与文件夹。

(5) 压缩与解压缩文件与文件夹。

(6) 设置共享文件与文件夹。

【实验步骤】

1. 创建文件夹与文件

1) 创建文件夹

按组合键 Win+E，打开资源管理器，双击【本地磁盘(D:)】图标，进入 D 盘目录，右击鼠标，在弹出的快捷菜单中选择【新建】|【文件夹】命令，如图 3-14 所示。

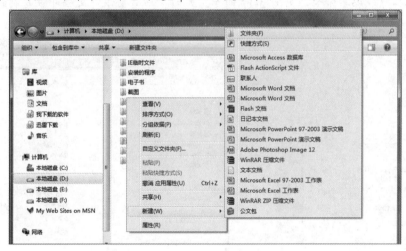

图 3-14　快捷菜单

此时在 D 盘中出现一个文件夹，并且该文件夹的名称以高亮状态显示。输入文件夹的名称"我的备忘录"，按 Enter 键即可完成文件夹的新建和重命名，如图 3-15 所示。

图 3-15　创建"我的备忘录"文件夹

2) 创建文件

双击打开该文件夹，在空白处右击鼠标，在弹出的快捷菜单中选择【新建】|【文本文档】命令，新建一个文本文档。

此时该文本文档的名称以高亮状态显示，直接输入文件的名称"日程安排"，然后按 Enter 键即可完成文本文档的创建。

2. 复制与移动文件或文件夹

1) 复制与粘贴文件或文件夹

右击桌面上的"租赁协议"文档，在弹出的快捷菜单中选择【复制】命令，如图 3-16 所示。

双击桌面上的【计算机】图标，打开计算机窗口，然后双击【本地磁盘(D:)】打开 D 盘根目录。

双击"重要文件"文件夹，在打开的【重要文件】窗口的空白处右击鼠标，在弹出的快捷菜单中选择【粘贴】命令，如图 3-17 所示。此时"租赁协议"文档即被复制到 D 盘【重要文件】文件夹中。

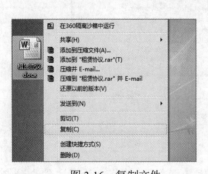

图 3-16　复制文件

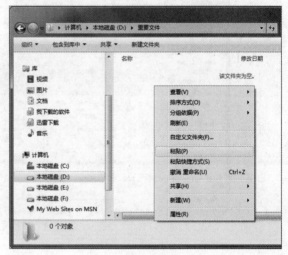

图 3-17　粘贴文件

2) 移动文件或文件夹

右击"租赁协议"文档，在弹出的快捷菜单中选择【剪切】命令。

打开【重要文件】窗口，在空白处右击鼠标，在弹出的快捷菜单中选择【粘贴】命令，即将"租赁协议"文档移动至"重要文件"文件夹中。

3. 隐藏与显示文件或文件夹

1) 隐藏文件或文件夹

打开 D 盘后右击"重要文件"文件夹，在弹出的快捷菜单中选择【属性】命令，如图 3-18 所示。

在打开的【重要文件 属性】对话框的【常规】选项卡中，选中【隐藏】复选框，然后单击【确定】按钮，如图 3-19 所示。

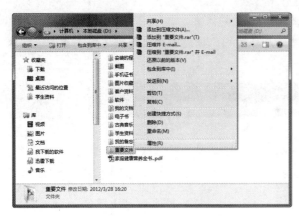

图 3-18　设置文件夹属性　　　　　　　　　　　　　图 3-19　设置隐藏文件夹

在弹出的【确认属性更改】对话框中，选中【将更改应用于此文件夹、子文件夹和文件】单选按钮，单击【确定】按钮，即可隐藏"重要文件"文件夹，如图 3-20 所示。

2) 显示隐藏的文件或文件夹

如图 3-21 所示，在 D 盘窗口中选择【组织】|【文件夹和搜索选项】命令，打开【文件夹选项】对话框。

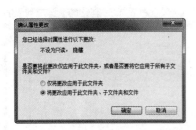
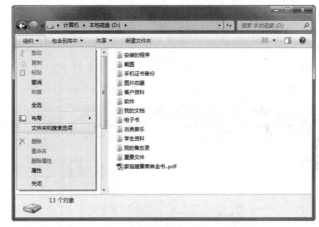

图 3-20　隐藏文件夹中的子文件夹和文件　　　　图 3-21　设置文件夹和搜索选项

打开【查看】选项卡，在【高级设置】列表中选中【显示隐藏的文件、文件夹和驱动器】单选按钮，如图 3-22 所示。

图 3-22　显示隐藏的文件夹和文件

单击【确定】按钮，完成显示隐藏文件和文件夹的设置。

双击打开【本地磁盘(D:)】窗口，此时用户可看到已被隐藏的文件或文件夹呈半透明状显示，如图3-23所示。

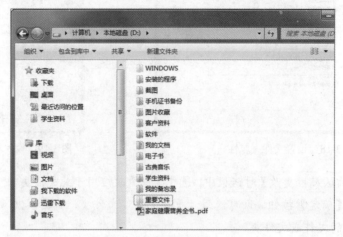

图 3-23　文件夹的显示效果

4. 排序文件与文件夹

打开资源管理器，然后双击【本地磁盘(D:)】图标，进入 D 盘的根目录。

在 D 盘的空白处右击鼠标，在弹出的快捷菜单中选择【排序方式】|【修改日期】选项。用同样的方法选择【排序方式】|【递增】命令，即可将 D 盘中的文件和文件夹按照修改时间递增的方式进行排序，如图3-24所示。

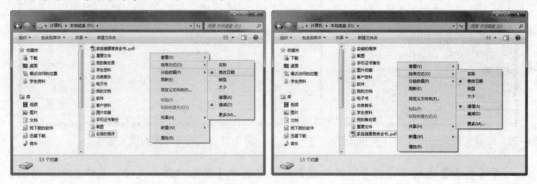

图 3-24　通过右键菜单排序文件和文件夹

5. 压缩与解压缩文件与文件夹

1) 压缩文件和文件夹

在窗口空白处右击鼠标，在弹出的快捷菜单中选择【新建】命令，在打开的子菜单中选择【压缩文件夹】命令，如图3-25所示。

新建的压缩文件夹名字处于可编辑状态，输入"压缩包"后按 Enter 键即可，如图3-26所示。

图 3-25　压缩文件夹

图 3-26　命名压缩文件

2)　解压缩文件和文件夹

右击"压缩包"压缩文件夹,从弹出的快捷菜单中选择【全部提取】命令,如图 3-27 所示。

打开【提取压缩(Zipped)文件夹】对话框,可以单击【浏览】按钮更改提取文件夹的路径,然后单击【确定】按钮,如图 3-28 所示。

图 3-27　选择【全部提取】命令

图 3-28　【提取压缩文件夹】对话框

文件提取完毕会自动打开存放提取文件的窗口,如果上一步骤未改变路径,则会默认新建一个和原压缩文件夹同名的普通文件夹,压缩文件夹内的文件会被提取出并存储于该普通文件夹。

6. 设置共享文件与文件夹

右击计算机中的一个文件夹(例如"影视剧"文件夹),如图 3-29 所示,从弹出的快捷菜单中选择【属性】命令,打开【属性】对话框。

如图 3-30 所示,在【属性】对话框中打开【共享】选项卡,单击【高级共享】按钮,打开【高级共享】对话框。

图 3-29　查看文件夹属性　　　　　　　　　　图 3-30　【属性】对话框

选中【共享此文件夹】复选框，然后分别设置【共享名】、【将同时共享的用户数量限制为】、【注释】等选项(可自定义，也可以保持默认状态)，单击【权限】按钮，如图 3-31 所示。

打开【权限】对话框，可以在【组或用户名】区域里看到组里成员，默认 Everyone 即所有的用户。在 Everyone 的权限里，【完全控制】是指其他用户可以删除修改本机上共享文件夹里的文件；【更改】是指可以修改，但不可以删除；【读取】只能浏览复制，不得修改。一般选择【读取】中的【允许】复选框，如图 3-32 所示。

图 3-31　【高级共享】对话框　　　　　　　　图 3-32　设置文件夹的共享权限

最后单击【确定】按钮，【影视剧】文件夹即成为共享文件夹。

实验三　设置屏幕保护程序和主题

【实验目标】

- 学会打开【个性化】窗口。
- 学会设置 Windows 7 屏幕保护程序。
- 学会设置 Windows 7 主题。

【实验内容】

(1) 在 Windows 7 桌面上打开【个性化】窗口。

(2) 使用"气泡"作为 Windows 7 屏幕保护程序。

(3) 设置 Windows 7 系统的主题。

【实验步骤】

1. 在桌面上打开【个性化】窗口

在桌面上右击，在弹出的快捷菜单中选择【个性化】命令，打开【个性化】窗口，如图 3-33 所示。

2. 设置 Windows 7 屏幕保护程序

单击【个性化】窗口下方的【屏幕保护程序】图标，打开【屏幕保护程序设置】对话框。在【屏幕保护程序】下拉列表中选择【气泡】选项。在【等待】微调框中设置时间为 1 分钟，设置完成后，单击【确定】按钮，如图 3-34 所示。

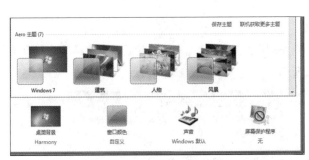

图 3-33　【个性化】窗口

图 3-34　【屏幕保护程序设置】对话框

当屏幕静止时间超过设定的等待时间时(鼠标键盘均没有任何动作)，系统即可自动启动屏幕保护程序。

3. 设置 Windows 7 主题

在桌面上右击，选择【个性化】命令，再次打开【个性化】窗口。在【Aero 主题】选项区域中单击【风景】，即可应用该主题，如图 3-35 所示。

此时，在桌面上右击，在弹出的快捷菜单中选择【下一个桌面背景】命令，即可更换该主题系列中的壁纸，如图 3-36 所示。

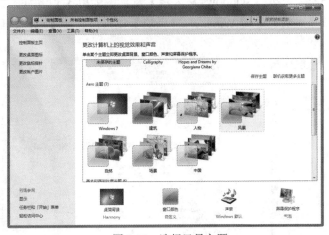

图 3-35　选择风景主题　　　　　　　图 3-36 切换主题系列的壁纸

实验四　设置 Windows 7 防火墙

【实验目标】

- 学会在 Windows 7 中设置防火墙入站规则。
- 掌握关闭 Windows 7 防火墙的方法。

【实验内容】

(1) 设置 Windows 7 防火墙入站规则。

(2) 关闭 Windows 7 防火墙。

【实验步骤】

1. 设置 Windows 7 防火墙入站规则

单击【开始】按钮，弹出【开始】菜单，如图 3-37 所示。在弹出的菜单中选择【控制面板】命令，打开【控制面板】窗口，如图 3-38 所示。

图 3-37　【开始】菜单

图 3-38　【控制面板】窗口

单击【Windows 防火墙】图标，打开【Windows 防火墙】窗口，如图 3-39 所示。

单击左侧列表中的【允许程序成功能通过 Windows 防火墙】链接，打开【允许的程序】窗口，如图 3-40 所示。

图 3-39　【Windows 防火墙】窗口

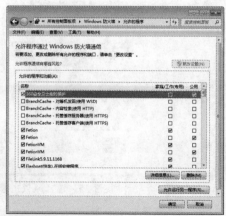

图 3-40　设置允许的程序和功能

在【允许的程序和功能】列表中列举了计算机中安装的程序，单击【更改设置】按钮，再单击【允许运行另一程序】按钮，打开【添加程序】对话框，如图 3-41 所示。

在该对话框列表中选择一款需要添加的应用程序，然后单击【网络位置类型】按钮，打开【选择网络位置类型】对话框。在该对话框中选择一种网络类型，这里选中【家庭/工作(专用)】复选框，然后单击【确定】按钮，如图 3-42 所示。

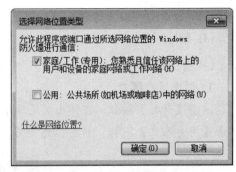

图 3-41 【添加程序】对话框 　　　　图 3-42 【选择网络位置类型】对话框

关闭【选择网络位置类型】对话框，然后在【添加程序】对话框中单击【添加】按钮。

2. 设置关闭 Windows 7 防火墙

若要关闭 Windows 7 防火墙，可打开【Windows 防火墙】窗口，然后单击左侧列表中的【打开或关闭 Windows 防火墙】链接，打开【自定义设置】窗口，如图 3-43 所示。

分别选中【家庭/工作(专用)网络位置设置】和【公用网络位置设置】设置组中的【关闭 Windows 防火墙(不推荐)】单选按钮，然后单击【确定】按钮即可，如图 3-44 所示。

图 3-43 设置打开或关闭 Windows 防火墙 　　　图 3-44 关闭防火墙

实验五　创建和管理用户账户

【实验目标】
- 掌握创建"管理员"类型账户的方法。
- 掌握设置 Windows 7 用户账户密码的方法。
- 掌握删除 Windows 7 用户账户的方法。

【实验内容】
(1) 创建用户账户。
(2) 设置用户账户密码和图片。
(3) 删除用户账户。

【实验步骤】

1. 创建用户账户

单击【开始】按钮，在弹出的菜单中选择【控制面板】命令，打开【控制面板】窗口，单击【用户账户】图标，如图 3-45 所示，打开【用户账户】窗口。

图 3-45 打开【控制面板】窗口

在【用户账户】窗口中单击【管理其他账户】超链接，如图 3-46 所示，打开【管理账户】窗口。

在【管理账户】窗口中单击【创建一个新账户】超链接，打开【创建新账户】窗口，在【该名称将显示在欢迎屏幕和「开始」菜单上】文本框中输入新用户的名称"小朵"，然后选中【管理员】单选按钮，如图 3-47 所示。

图 3-46　管理其他账户

图 3-47　创建一个名为"小朵"的新用户账户

单击【创建账户】按钮，即可成功创建用户名为【小朵】的管理员账户。

2. 设置用户账户密码和图片

1) 设置用户账户图片

返回【用户账户】窗口，单击【管理其他账户】超链接，打开【管理账户】窗口。在【管理账户】窗口中单击"小朵"账户的图标，如图 3-48 所示。

图 3-48　设置"小朵"账户

在打开的【更改账户】窗口中，单击【更改图片】超链接，如图 3-49 所示。

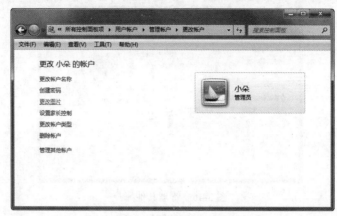

图 3-49　更改账户图片

打开【为小朵的账户选择一个新图片】窗口，在该窗口中，系统提供了许多图片供用户选择。本例单击【浏览更多图片】超链接。

打开【打开】对话框，在【打开】对话框中选择名称为"小朵"的图片，如图 3-50 所示。单击【打开】按钮，完成头像的更改。

图 3-50　选择自定义图片

2) 设置用户账户密码

返回图 3-49 所示的【更改账户】窗口，单击【创建密码】超链接，打开【创建密码】窗口。

在【新密码】文本框中输入一个密码，在其下方的文本框中再次输入密码进行确认，然后在【密码提示】文本框中输入相关提示信息(也可不设置)，如图 3-51 所示。

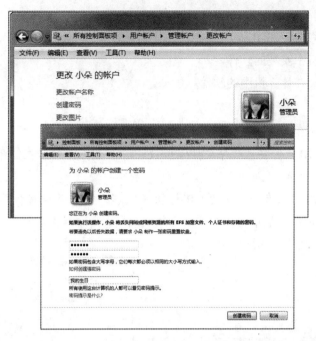

图 3-51　设置账户密码

完成以上设置后，单击【创建密码】按钮，完成用户账户密码的设置。

3. 删除 Windows 7 用户账户

如果需要删除 Windows 7 系统中的用户账户，可以在打开【用户账户】窗口后，单击要删除的账户的图标，打开【更改 小朵 的账户】窗口。

单击【删除账户】超链接，打开【删除账户】窗口，用户可根据需要单击【删除文件】或【保留文件】按钮，如图 3-52 所示。

单击【删除账户】按钮，完成账户的删除操作，如图 3-53 所示。

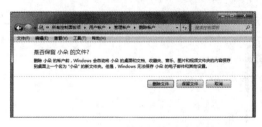

图 3-52　是否保留用户账户文件　　　　　　图 3-53　删除账户

实验六　安装和卸载软件

【实验目标】

- 掌握在 Windows 7 中安装 Office 2010 软件的方法。
- 掌握在【程序和功能】窗口中查看计算机中安装的软件。
- 掌握通过【程序和功能】窗口卸载软件的方法。

【实验内容】

(1) 学会安装 Office 2010。

(2) 查看计算机中安装的软件。

(3) 卸载已安装在计算机中的软件。

【实验步骤】

1. 安装 Office 2010

双击 Office 2010 软件安装程序文件(setup.exe)，弹出一个对话框，开始初始化软件的安装程序，如图 3-54 所示。

如果此时系统中安装有旧版本的 Office 软件，稍等片刻，系统将打开【选择所需的安装】对话框，用户可在该对话框中选择软件的安装方式，例如选择【自定义】安装方式，则单击【自定义】按钮，如图 3-55 所示。

图 3-54　软件安装提示对话框

图 3-55　Office 2010 安装界面

根据软件安装界面的提示，在打开的对话框中逐步单击【下一步】按钮，配置 Office 2010 的安装需求(例如需要安装的组件、用户信息、软件的安装位置等)。

安装完成后，系统自动打开安装完成的对话框，如图 3-56 所示。

单击【关闭】按钮，系统提示用户需重启系统才能完成安装，单击【是】按钮，重启系统后，完成 Office 2010 的安装，如图 3-57 所示。

图 3-56　Office 2010 安装完毕

图 3-57　根据提示重启计算机

2. 查看计算机中安装的软件

选择【开始】|【控制面板】命令，打开【控制面板】窗口，单击其中的【程序和功能】

超链接，打开【程序和功能】窗口，查看计算机中已安装的软件，如图 3-58 所示。

3. 卸载软件

打开【程序和功能】窗口，右击 iTools 选项，在弹出的菜单中选择【卸载/更改】命令，如图 3-59 所示。

图 3-58 【控制面板】窗口

图 3-59 【程序和功能】窗口

在弹出的提示对话框中单击【卸载】按钮，如图 3-60 所示，开始卸载 iTools。

软件卸载完成后，单击【完成】按钮则完成软件卸载，如图 3-61 所示。

图 3-60 提示对话框

图 3-61 完成软件卸载

实验七 添加与使用网络打印机

【实验目标】

- 掌握在 Windows 7 中添加一个网络打印机的方法。
- 掌握通过网络打印机打印文档的方法。

【实验内容】

(1) 添加网络打印机。

(2) 使用打印机打印文档。

【实验步骤】

1. 添加网络打印机

选择【开始】|【设备和打印机】命令，打开【设备和打印机】窗口，单击【添加打印机】按钮，打开【添加打印机】对话框，如图 3-62 所示。

选择【添加网络、无线或 Bluetooth 打印机】选项，系统开始搜索网络中可用的打印机，如图 3-63 所示。

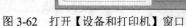

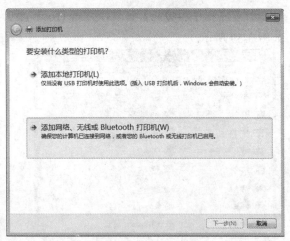

图 3-62　打开【设备和打印机】窗口　　　　　　图 3-63　添加网络打印机

找到后，系统开始连接该打印机，并自动查找驱动程序。

打开【打印机】提示窗口，提示用户需要从目标主机上下载打印机驱动程序，单击【安装驱动程序】按钮，如图 3-64 所示。

系统开始自动下载并安装打印机驱动程序，成功下载驱动程序并安装完成后，打开对话框，提示用户已成功添加打印机，单击【下一步】按钮。

在打开的对话框中，选中【设置为默认打印机】复选框，然后单击【完成】按钮，完成网络共享打印机的添加，如图 3-65 所示。

图 3-64　系统提示对话框　　　　　　图 3-65　将网络共享打印机设置为默认打印机

完成网络打印机的添加后，在【设备和打印机】窗口中，上面有绿色打钩的即为添加的网络打印机。

2. 打印文档

打开 IE 浏览器，在地址栏中输入地址，访问某个网页，然后单击浏览器工具栏上的【打印】按钮，如图 3-66 所示。

打开【打印】对话框，选中设置的共享打印机选项后，然后单击【打印】按钮即可开始打印网页，如图 3-67 所示。

图 3-66　打印网页

图 3-67　设置打印参数

实验八　使用 Windows 7【回收站】

【实验目标】

- 掌握使用【回收站】还原文件的方法。
- 掌握清空【回收站】的方法。

【实验内容】

(1) 还原【回收站】文件。

(2) 清空【回收站】。

【实验步骤】

1. 还原【回收站】文件

双击桌面上的【回收站】图标，打开【回收站】窗口。

右击【回收站】中要还原的文件，在弹出的快捷菜单中选择【还原】命令，即可将该文件还原到删除前的位置，如图 3-68 所示。

2. 清空【回收站】

右击桌面上的【回收站】图标，在弹出的快捷菜单中选择【清空回收站】命令，如图 3-69 所示，即可清空【回收站】中的文件(即永久删除这些文件)。

图 3-68　还原文件

图 3-69　清空回收站

实验九　使用 Windows 7【写字板】

【实验目标】

- 掌握使用【写字板】程序文档的方法。
- 掌握在【写字板】文档中输入文本并插入图片的方法。
- 掌握保存【写字板】文档的方法。

【实验内容】

(1) 创建【写字板】文档。

(2) 在【写字板】中输入文本并设置文本格式。

(3) 保存【写字板】文档。

【实验步骤】

1. 创建【写字板】文档

单击【开始】按钮，在弹出的菜单中选择【所有程序】|【附件】|【写字板】命令，启动写字板程序，然后按快捷组合键 Ctrl+N 新建一个文档，如图 3-70 所示。

2. 输入文本并设置文本格式

1) 在写字板中输入文本

将光标定位在写字板中，然后输入文本"洛阳牡丹甲天下"。

2) 设置文本字号和对齐方式

选中输入的文本，将字体设置为【华文行楷】和【加粗】、字号为 28、对齐方式为【居中】，如图 3-71 所示。

图 3-70　启动写字板

图 3-71　输入文本并设置文本字体

　　按 Enter 键换行，然后输入对牡丹花的介绍文字，并设置其字体为【华文细黑】、字号为12，对齐方式为【左对齐】，如图 3-72 所示。

　　3) 设置文本颜色

　　选中正文部分，在【字体】组中单击【文本颜色】下拉按钮，选择【土蓝】选项，为正文文本设置字体颜色，如图 3-73 所示。

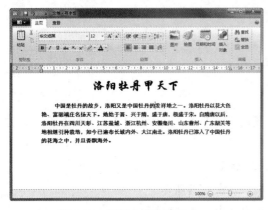

图 3-72　设置文本对齐方式

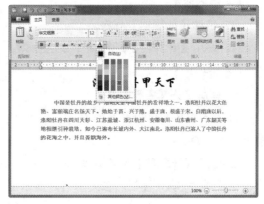

图 3-73　设置文本颜色

3. 在【写字板】中插入图片

　　将光标定位在正文的末尾，然后按 Enter 键换行。在【插入】区域单击【图片】按钮，打开【选择图片】对话框，在该对话框中选择一张图片，单击【确定】按钮，即在文档中插入图片，如图 3-74 所示。

4. 保存文档

　　单击【写字板】按钮，在弹出的菜单中选择【保存】命令，打开【保存为】对话框，选择要保存的磁盘目录如 E 盘，也可以修改文件名，最后单击【保存】按钮，如图 3-75 所示。

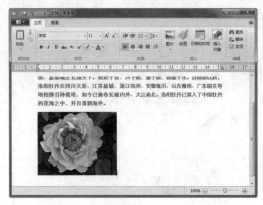

图 3-74　在写字板中插入图片

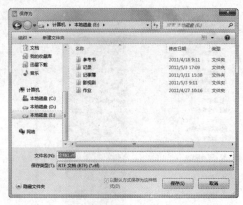

图 3-75　【保存为】对话框

实验十　使用 Windows 7【计算器】

【实验目标】

- 掌握启动 Windows 7【计算器】程序的方法。
- 掌握【计算器】的使用方法。

【实验内容】

(1) 启动【计算器】程序。

(2) 使用【计算器】进行简单数学计算。

【实验步骤】

1. 启动【计算器】程序

单击【开始】按钮，在弹出的菜单中选择【所有程序】|【附件】|【计算器】命令，启动计算器程序。

2. 使用【计算器】程序计算 54×2÷3+79 的结果

依次单击 5、4 按钮，在文本框内显示出 54，如图 3-76 所示。

依次单击*、2 按钮，单击/ 按钮，此时计算器算出 54*2 的结果 108。

单击 3 按钮，在文本框内显示出 54*2/3，单击 + 按钮，文本框显示出 54*2/3 的结果 36，如图 3-77 所示。

图 3-76　输入 54

图 3-77　显示计算结果

依次单击 7、9 按钮，最后按 " = " 按钮，算出 54×2÷3+79 的结果为 115。

第二部分　综合实验

实验一　硬盘的分区与格式化

【实验目标】

在 Windows 7 中通过【计算机管理】窗口，对硬盘进行分区与格式化操作。

【实验内容】

(1) 通过【开始】菜单，打开【计算机管理】窗口。

(2) 在【计算机管理】窗口中打开【磁盘管理】窗口。

(3) 在【磁盘管理】窗口中调整磁盘分区(不包括系统分区)。

(4) 在【磁盘管理】窗口中对分区后的硬盘执行格式化操作。

实验二　安装 Windows 7 操作系统

【实验目标】

使用 Windows 7 安装光盘为计算机安装 Windows 7 操作系统。

【实验内容】

(1) 在计算机 BIOS 中设置计算机通过光盘启动。

(2) 在启动计算机时，运行 Windows 7 安装程序。

(3) 在 Windows 7 安装程序的提示下配置并安装操作系统。

实验三　备份与还原数据

【实验目标】

在 Windows 7 系统使用【备份和还原】功能备份与还原计算机数据。

【实验内容】

(1) 通过【控制面板】窗口打开【备份和还原】窗口。

(2) 在【备份和还原】窗口中启动 Windows 备份程序。

(3) 打开【设置备份】对话框备份计算机中的数据。

(4) 打开【Windows 备份】对话框，还原备份的数据。

实验四　设置 Windows 7 任务栏

【实验目标】

在 Windows 7 系统中调整任务栏的大小、位置，并设置任务栏图标。

【实验内容】

(1) 打开【任务栏和「开始」菜单属性】对话框。

(2) 在【任务栏和「开始」菜单属性】对话框中设置任务栏在桌面中的位置。

(3) 通过拖动任务栏边缘，调整任务栏的大小。

(4) 在【任务栏和「开始」菜单属性】对话框的【任务栏】选项卡中设置任务栏图标。

第4章 文字处理软件Word 2010

实验一 制作个人简历

【实验目标】
- 掌握创建与命名 Word 文档的方法。
- 掌握在 Word 文档中输入与编辑的方法。
- 掌握设置与格式化文本的方法。
- 学会在 Word 文档中插入、调整图片。
- 学会删除文档最后的空白页。

【实验内容】
(1) 在文档中快速插入表格。

(2) 合并与拆分单元格。

(3) 调整表格行高/列宽。

(4) 设置表格边框、底纹和对齐方式。

(5) 在文档中输入文本、符号和日期。

(6) 设置文本的字体和字号。

(7) 设置文本的字形和颜色。

(8) 设置文本字间距。

(9) 使用【格式刷】工具。

(10) 在文档中插入图片。

(11) 调整文档中图片的大小。

(12) 删除文档最后的空白页。

【实验步骤】

1. 在文档中快速插入表格

启动 Word 2010，选择功能区的【文件】选项，在弹出的菜单中选择【新建】|【空白文档】选项(快捷组合键 Ctrl+N)。

在创建的图 4-1 所示的空白文档中，再次单击功能区的【文件】选项，在弹出的菜单中

选择【另存为】|【浏览】选项(快捷键 F12)，打开【另存为】对话框，在【文档位置】栏中设置文档的保存位置，并在【文件名】文本框中输入文档的名称，然后单击【保存】按钮，即可将创建的空白文档以指定的名称保存，如图 4-2 所示。

图 4-1　新建文档

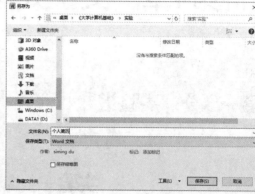

图 4-2　【另存为】对话框

将鼠标指针置于创建的空白文档中，在功能区打开【插入】选项卡，然后单击【表格】选项，在弹出的下拉列表中选择【插入表格】选项(快捷组合键 Ctrl+E)，打开【插入表格】对话框，在【列数】文本框中输入 4，在【行数】文本框中输入 17，然后单击【确定】按钮，如图 4-3 所示。

此时，在文档中插入了一个图 4-4 所示的表格。将鼠标指针置入表格中的单元格内单击，即可将鼠标指针置于表格中。

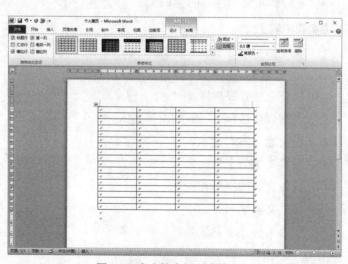

图 4-3　【插入表格】对话框

图 4-4　在文档中插入表格

2. 合并与拆分单元格

1) 合并单元格

在表格左侧第 1 行左侧单击，选中该行，在功能区的【表格工具】选项卡组中打开【布局】选项卡。

在【布局】选项卡的【合并】组中单击【合并单元格】按钮(快捷组合键 Alt+A+M)，即可将表格第 1 行所有单元格合并，如图 4-5 所示。

图 4-5　合并单元格

用同样的方法，合并表格的第 2 行、第 10~17 行，如图 4-6 所示。

图 4-6　合并表格中多行

2) 拆分单元格

　　将鼠标指针置于表格第 3 行第 4 列单元格中，按住鼠标左键向下拖动 5 个单元格，选中一个单元格区域。在【合并】组中单击【拆分单元格】按钮，打开【拆分单元格】对话框，在【列数】文本框中输入 2，在【行数】文本框中输入 5，然后单击【确定】按钮，如图 4-7 所示。

　　此时，被选中的单元格区域将被拆分为 2 列，效果如图 4-8 所示。

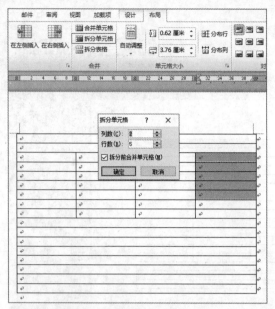

图 4-7　【拆分单元格】对话框

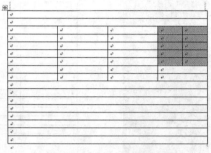

图 4-8　单元格拆分效果

3. 调整表格行高和列宽

　　将鼠标指针放置在表格的第 1 行中，在【表格工具】|【布局】选项卡 |【单元格大小】组的【表格行高】文本框中，输入 2.75 厘米，将其设置为表格第 1 行的行高，效果如图 4-9 所示。

　　用同样的方法，选中表格的第 2~12 行、第 14 行、第 16 行，设置行高为 0.9 厘米；选中表格的第 13 行、第 15 行，设置行高为 2.2 厘米；选中表格的第 17 行，设置行高为 4.4 厘米，完成后表格效果如图 4-9 所示。

　　选中表格第 3~9 行第 3 列单元格区域，当鼠标指针显示为 ┿ 状态时，单击鼠标左键并按住向左侧拖动，调整选中单元格区域的列宽。

　　用相同的方法，设置表格第 3~9 行其他列的宽度，完成后表格效果如图 4-10 所示。

图 4-9　设置表格单元格行高

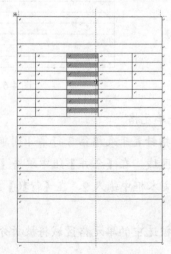

图 4-10　调整单元格列宽

4. 设置表格边框、底纹和对齐方式

1) 设置表格边框和底纹

单击表格右上角的 ⊞ 按钮选中整个表格，在【表格工具】|【设计】选项卡|【绘图边框】组中单击【边框和底纹】按钮 ▣。

打开【边框和底纹】对话框选中的【边框】选项卡，在【设置】列表中选择【自定义】选项；单击【颜色】按钮，在弹出的颜色选择器中选择一种颜色；在【样式】列表中选择一种边框样式；单击【宽度】按钮，在弹出的列表中选择表格边框和宽度，然后单击【确定】按钮，如图 4-11 所示。

保持表格的选中状态，再次打开【边框和底纹】对话框，在【样式】列表和【宽度】选项中，设置表格外边框的样式和外边框宽度，然后在【预览】选项区域中，分别单击两次【上边框】、【下边框】、【左边框】和【右边框】按钮，设置表格的外边框，如图 4-12 所示。

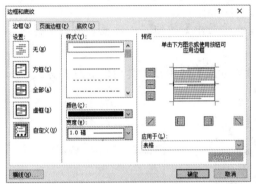

图 4-11　设置表格所有边框　　　　　　　图 4-12　设置表格外边框

按住 Ctrl 键选中表格第 3~9 行的第 1 列第 3 列单元格，以及第 2 行、第 10 行、第 12 行、第 14 行、第 16 行等，打开【边框和底纹】对话框，打开【底纹】选项卡，为表格设置底纹颜色，如图 4-13 所示。

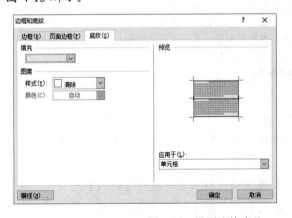
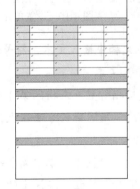

图 4-13　设置表格底纹

2) 调整表格对齐方式

将鼠标指针置入表格第 1 行单元格中，右击鼠标，在弹出的菜单中选择【表格属性】命令，打开【表格属性】对话框，在【表格】选项卡中选择【居中】选项，如图 4-14 所示，

然后单击【确定】按钮。

图 4-14　　设置表格在文档中居中对齐

在【布局】选项卡的【对齐方式】组中单击【水平居中】按钮 ，设置表格第 1 行内容水平居中，如图 4-15 所示。

将鼠标指针置于表格的其他单元格中，在【对齐方式】组中设置其内容的对齐方式，如图 4-16 所示。

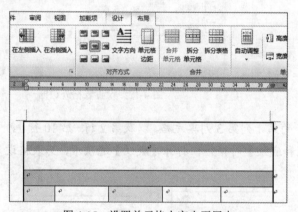

图 4-15　　设置单元格内容水平居中　　　　图 4-16　　设置表格内容对齐方式

5. 在文档中输入文本、符号和日期

1) 输入文本

将鼠标指针置入表格的第 1 行，按快捷组合键 Ctrl+Shift 切换至中文输入法，输入文本"个人简历"。用同样的方法在表格中其他单元格中输入文本，如图 4-17 所示。

2) 输入符号

将鼠标指针置于文本中需要输入特殊符号的位置，打开【插入】选项卡，在【符号】组中单击【符号】按钮，在弹出的下拉列表中选择【其他符号】选项。打开【符号】对话框，选择需要插入至文档的符号(例如@)，单击【插入】按钮，即可将符号插入文档中，如图 4-18 所示。

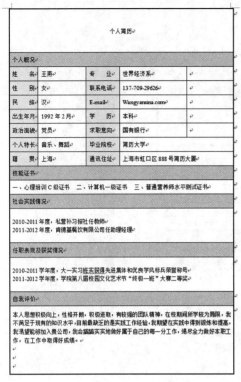

图 4-17　在文档中输入文本　　　　　　　　　图 4-18　【符号】对话框

3) 插入日期与时间

将鼠标指针置于文档表格内第 17 行的单元格中，打开【插入】选项卡，在【文本】组中选择【日期与时间】选项。

打开【日期和时间】对话框，在【可用格式】列表中选择一种日期格式，单击【确定】按钮，即可在文档中插入相应格式的当前日期，如图 4-19 所示。

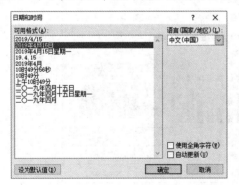

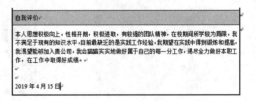

图 4-19　在文档中插入当前日期

6. 设置文本的字体和字号

选中表格第 1 行中的文本"个人简历"，选择【开始】选项卡，单击【字体】按钮，在弹出的列表中选择【微软雅黑】选项；单击【字号】按钮，在弹出的列表中选择【36】，如图 4-20 所示。

图4-20　设置文本字体和字号

7. 设置文本的字形和颜色

选中文档中表格第 1 行内的文本"个人简历",在图 4-20 所示的【字体】组中单击【加粗】按钮 **B**,为标题文本设置加粗效果。

单击【字体】组中的【字体颜色】按钮右侧的下三角按钮 ,在打开的颜色选择器中选择【深蓝】选项,如图 4-21 所示。

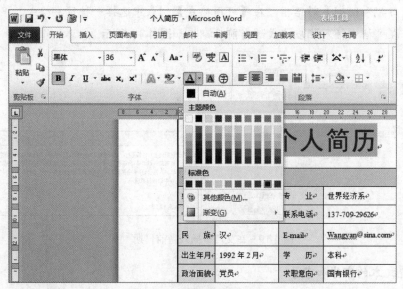

图4-21　设置文本加粗和颜色

选中表格第 5 行中的电子邮件地址,依次单击【字体】组中的【斜体】按钮 *I* 和【下划线】按钮 U,设置其字形效果如图 4-22 所示。

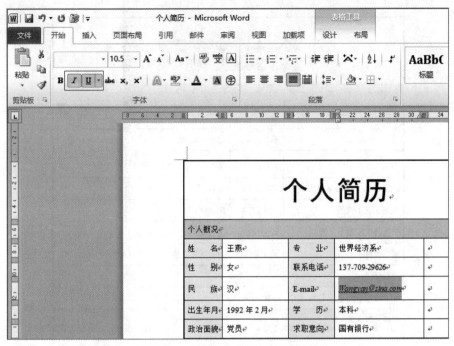

图 4-22　设置文本倾斜和下划线

8. 设置文本字符间距

选中表格第 1 行中的文本"个人简历"，在【字体】组的右下角单击【字体】按钮 ，或按快捷组合键 Ctrl+D。

弹出【字体】对话框，打开【高级】选项卡，单击【间距】按钮，在弹出的列表中选择【加宽】选项，然后在该选项后的文本框中输入【3 磅】，如图 4-23 所示。

图 4-23　【字体】对话框

单击【确定】按钮后，表格第 1 行内文本的效果如图 4-24 所示。

个人简历

个人概况				
姓　名	王燕	专　业	世界经济系	
性　别	女	联系电话	137-709-29626	
民　族	汉	E-mail	Wangyan@sina.com	
出生年月	1992 年 2 月	学　历	本科	
政治面貌	党员	求职意向	国有银行	
个人特长	音乐、舞蹈	毕业院校	简历大学	
籍　贯	上海	通讯住址	上海市虹口区 888 号简历大厦	

技能证书
一、心理培训 C 级证书　　二、计算机一级证书　　三、普通营养师水平测试证书

社会实践情况
2010-2011 年度，私营补习报社任教师 2011-2012 年度，肯德基餐饮有限公司任助理经理

任职表现及获奖情况
2010-2011 学年度，大一实习班实获得先进集体和优良学风标兵荣誉称号 2011-2012 学年度，学院第八届校园文化艺术节"终极一班"大赛二等奖

自我评价
本人思想积极向上，性格开朗，积极进取，有较强的团队精神，在校期间所学较为局限，我不满足于现有的知识水平，目前最缺乏的是实践工作经验，我期望在实践中得到锻炼和提高，我渴望能够加入贵公司，我会踏踏实实地做好属于自己的每一分工作，竭尽全力做好本职工作，在工作中取得好成绩。 2019 年 4 月 15 日

图 4-24　字间距设置效果

9. 使用【格式刷】工具

选中"个人简历"文档中表格第 2 行内的文本"个人概况"，在【开始】选项卡的【文本】组中，将文本的字体设置为【微软雅黑】，字号为 12，字形为【加粗】，如图 4-25 所示。

保持文本的选中状态，单击【开始】选项卡 |【剪贴板】组中的【格式化】选项 ✔，将鼠标指针移至表格第 10 行内文本"技能证书"之上，当鼠标指针变为 ⬚I 状态时按住鼠标左键在文本上拖动，即可复制上一步设置的文本格式，并同时选中文本"技能证书"。

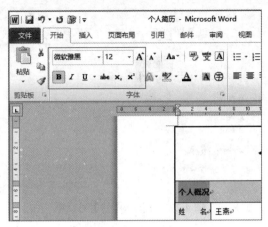

图 4-25 设置文本格式

双击【格式刷】选项 ✍，复制当前选中文本"技能证书"上的格式，然后按住鼠标左键在文档中其他文本上拖动，将格式应用到更多的文本上，按下 Esc 键结束复制。

10. 在文档中插入图片

选中文档中表格第 3~7 行第 5 列的单元格区域，在【表格工具】|【布局】选项卡|【合并】组中，选择【合并单元格】选项，合并单元格区域，效果如图 4-26 所示。

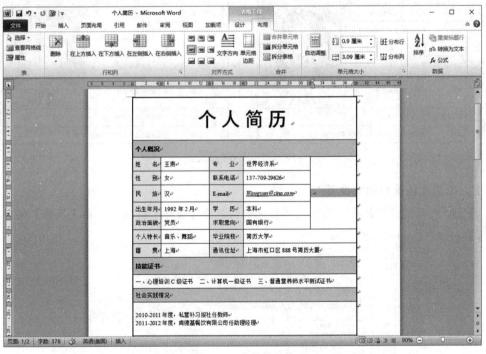

图 4-26 合并单元格

将鼠标指针移到合并后的单元格中，打开【插入】选项卡，在【插图】组中单击【图片】按钮。打开【插入图片】对话框，选择一个图片文件，单击【插入】按钮，如图 4-27 所示。

被选中的图片文件即被插入文档的表格中。

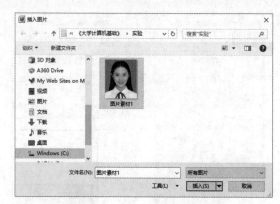

图 4-27　【插入图片】对话框

11. 调整文档中图片的大小

将鼠标指针放置在图片四周的控制点上，按住鼠标左键拖动，调整文档中图片的大小，如图 4-28 所示。

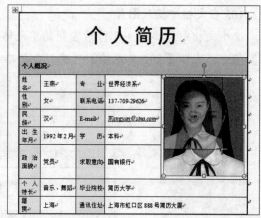

图 4-28　调整图片的大小

12. 删除文档最后的空白页

将鼠标光标定位在最后一页的段落标记前，打开【开始】选项卡，在【段落】组中单击【段落】按钮，如图 4-29 所示。

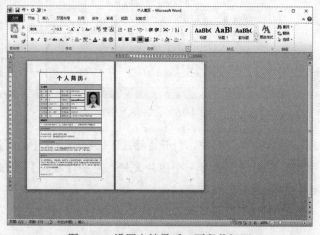

图 4-29　设置文档最后一页段落间距

　　打开【段落】对话框，打开【缩进和间距】选项卡，设置【行距】为固定值 1 磅，然后单击【确定】按钮即可，如图 4-30 所示。

图 4-30　【段落】对话框

　　最后，按快捷组合键 Ctrl+S，保存制作完成的"个人简历"文档。

实验二　排版论文

【实验目标】

- 掌握设置文档页面的方法。
- 学会使用"选择性粘贴"功能。
- 掌握修改文档的基本操作。
- 掌握设置文档段落格式的方法。
- 学会在文档中使用项目符号和编号。
- 学会应用与修改 Word 样式。
- 学会在文档中插入并设置页码。

【实验内容】

(1) 设置文档页面。

(2) 选择性粘贴文本。

(3) 使用剪贴板。

(4) 查找和替换文本。

(5) 设置段落对齐方式。

(6) 设置段落缩进。

(7) 添加项目符号和编号。

(8) 自定义项目符号和编号。

(9) 使用样式。

(10) 插入并设置页码。

【实验步骤】

1. 设置文档页面

按下快捷组合键 Ctrl+N 创建一个空白文档，打开【页面布局】选项卡，在【页面设置】组中单击【页面设置】按钮 ，如图 4-31 所示。

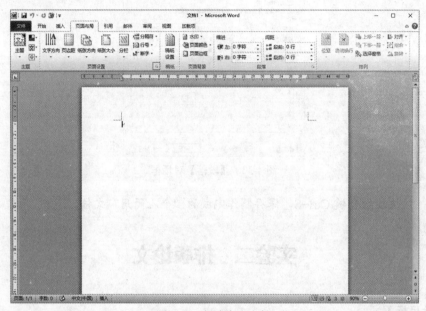

图 4-31　新建空白文档

打开【页面设置】对话框，选择【页边距】对话框，在【上】和【下】文本框中各输入 2 厘米，在【左】和【右】文本框中输入 3 厘米，并在【纸张方向】选项区域中选中【纵向】选项，如图 4-32 所示。

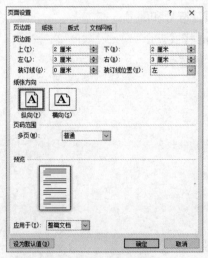

图 4-32　【页面设置】对话框

选择【纸张】选项卡，单击【纸张大小】选项，在弹出的列表中选择【A4】选项，设置文档大小采用 A4 纸的宽度和高度，如图 4-33 所示。

打开【文档网格】选项卡，设置文字排列方向为【水平】，在【行数】选项区域中设置每页 46 个字，然后单击【确定】按钮，如图 4-34 所示。

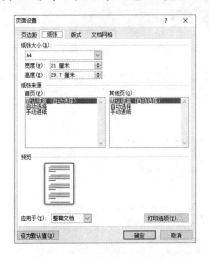

图 4-33　设置文档纸张大小　　　　　　图 4-34　设置文字排列方式和每页字数

最后按 F12 键，在打开的【另存为】对话框中将文档以"论文"为名保存。

2. 选择性粘贴文本

在其他文本编辑软件中选中编辑好的论文内容文本，右击鼠标，在弹出的菜单中选择【复制】命令，或按快捷组合键 Ctrl+C。将鼠标指针插入创建好的"论文"文档中，右击鼠标，从弹出的菜单中选择【粘贴选项】|【只保留文本】选项 A，如图 4-35 所示。

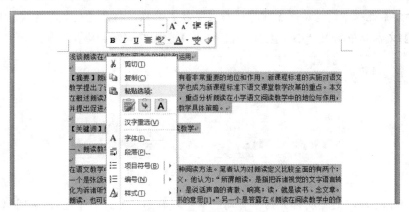

图 4-35　选择性粘贴文本

此时，从其他地方复制来的文本将以纯文本的形式被粘贴至文档中。

3. 使用剪贴板

在【开始】选项卡的【剪贴板】组中单击【剪贴板】按钮 ，可以在 Word 工作界面的左侧显示图 4-36 所示的【剪贴板】选项窗格，该窗格具有可视性，允许用户存放文档中复制和剪切的内容。在 Office 系列软件中，剪贴板信息是共用的，可以帮助用户在 Office 文档内或文档之间进行复杂的复制和移动操作。

图 4-36　使用剪贴板

在 Office 任意组件中按下复制文本或图片后，被复制的对象将自动被添加至【剪贴板】任务窗格中，将鼠标指针置于文档中的目标位置后，单击对象即可将其插入文档中。

若要删除【剪贴板】任务窗格中的对象，只需右击该对象，在弹出的菜单中选择【删除】命令即可。

4. 查找和替换文本

在【开始】选项卡的【编辑】组中选择【替换】选项，打开【查找和替换】对话框，在【查找内容】文本框中输入"小学生"，然后单击【查找下一处】按钮，如图 4-37 所示。

图 4-37　【查找和替换】对话框

此时，Word 将从文档头部开始，自动选中查找到的文本"小学生"，如图 4-38 所示。再次单击【查找下一处】按钮，可以选中文档中下一个位置的文本"小学生"。

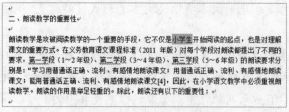

图 4-38　查找指定文本

返回【查找和替换】对话框，在【替换为】文本框中输入"学生"，然后单击【全部替换】按钮，可以将文档中所有"小学生"文本替换为"学生"，并在弹出的提示对话框中显示替换的数量，如图 4-39 所示，单击【确定】按钮完成文本的替换。

图 4-39　全部替换文本

5. 设置段落对齐方式

选中文档中的论文标题文本"浅谈朗读在小学语文阅读中的地位和运用"，单击【开始】选项卡，在【段落】组中单击【居中对齐】按钮 ≡，如图 4-40 所示。

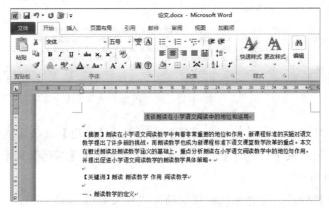

图 4-40　设置文本居中对齐

选中文档底部的作者和时间文本，然后单击【段落】组中的【文本右对齐】按钮，设置文本靠右对齐，如图 4-41 所示。

图 4-41　设置文本右对齐

6. 设置段落缩进

选中文档中需要设置首行缩进的文本，然后单击【开始】选项卡的【段落】组右下角的【段落】按钮 ，如图 4-42 所示。

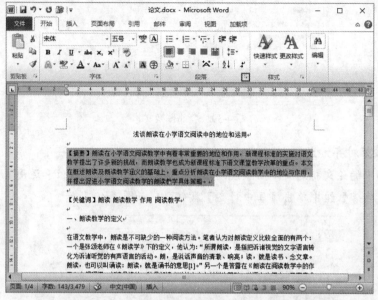

图 4-42　选中段落

打开【段落】对话框，在【缩进和间距】选项卡的【缩进】选项区域单击【特殊格式】下拉列表，在弹出的列表中选择【首行缩进】选项，然后在【磅值】文本框中自动显示【2字符】，如图 4-43 所示。

单击【确定】按钮后，文档中选中段落的缩进效果如图 4-44 所示。

图 4-43　设置首行缩进

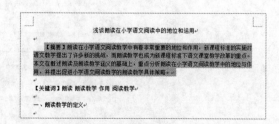

图 4-44　段落首行缩进效果

保持段落被选中状态，双击【剪贴板】组中的【格式刷】按钮 ，将设置的段落格式应用到文档中的其他段落之上，完成后按下 Esc 键结束。

7. 添加项目符号和编号

选中文档中的多段并列关系文本，在【开始】选项卡的【段落】组中单击【项目符号】按钮☰·，文档中被选中的段落前将自动添加如图 4-45 所示的项目符号。

选中文档中多段顺序内容文本，单击【段落】组中的【编号】按钮☰·，即可为选中文档添加如图 4-46 所示的编号。

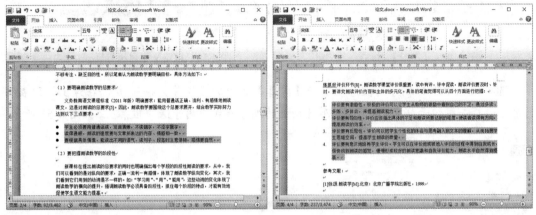

图 4-45　设置项目符号　　　　　　　图 4-46　设置编号

8. 自定义项目符号和编号

选中文档中添加项目符号的段落，单击【段落】组中【项目符号】按钮☰·右侧的倒三角按钮，在弹出的列表中选择【定义新项目符号】按钮，效果如图 4-47 所示。

打开【定义新项目符号】对话框，单击【符号】按钮，如图 4-48 所示。

图 4-47　定义新项目符号　　　　　　　图 4-48　【定义新项目符号】对话框

打开【符号】对话框，选择一种符号作为项目符号段落前显示的符号，单击【确定】按钮，如图 4-49 所示。返回【定义新项目符号】对话框，单击【确定】按钮，即可为选中文档重定义项目符号样式，效果如图 4-50 所示。

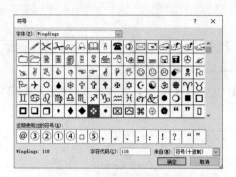

图 4-49　【符号】对话框

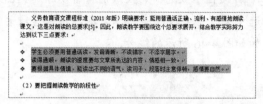

图 4-50　重定义项目符号样式

选中文档中添加编号的段落，单击【段落】组中的【编号】按钮 三 ，在弹出的列表编号库中选择一种编号样式，即可将 Word 预设的编号样式应用于选中段落上，如图 4-51 所示。

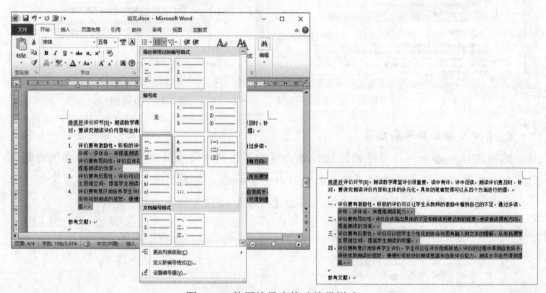

图 4-51　使用编号库修改编号样式

9. 使用样式

1) 应用样式

选中文档中的标题文本"浅谈朗读在小学语文阅读中的地位和运用"，在【开始】选项卡【样式】组中选择【标题】选项。

选中文本"一、朗读教学的定义"，在【样式】组中选择【标题 1】选项，为选中的文本应用标题样式，如图 4-52 所示。

2) 修改样式

在【开始】选项卡【样式】组中单击【样式】按钮 ，打开【样式】窗格，单击【标题】样式右侧的倒三角按钮，在弹出的列表中选择【修改】命令，如图 4-53 所示。

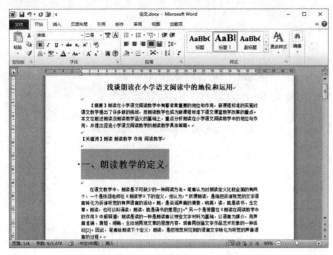

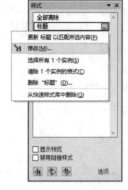

图 4-52　为文本应用样式　　　　　　　　　　图 4-53　【样式】窗格

　　打开【修改样式】对话框，单击该对话框左下角的【格式】按钮，在弹出的列表中选择【字体】选项，如图 4-54 所示。

　　打开【字体】对话框，在【字体】选项卡中设置中文字体为【微软雅黑】，字形为【加粗】，字号为【20】，然后单击【确定】按钮，如图 4-55 所示。

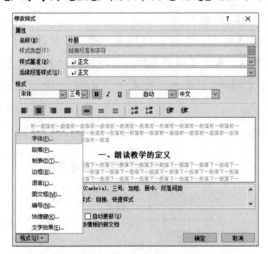

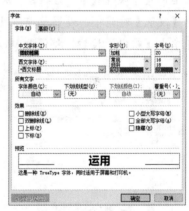

图 4-54　【修改样式】对话框　　　　　　　　图 4-55　【字体】对话框

　　返回【修改样式】对话框，再次单击【格式】按钮，在弹出的列表中选择【段落】选项，打开【段落】对话框，设置段前为【12 磅】，段后为【5 磅】，单击【确定】按钮，如图 4-56 所示。

　　返回【修改样式】对话框，单击【确定】按钮，即可修改 Word 内置的【标题】样式，效果如图 4-57 所示。

图 4-56 【段落】对话框

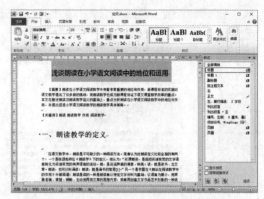

图 4-57 修改样式后的标题样式效果

单击【样式】窗格中【标题 1】样式右侧的倒三角按钮，在弹出的列表中选择【修改】命令，打开【修改样式】对话框。单击对话框左下角的【格式】下拉按钮，从弹出的列表中选择【字体】选项。

打开【字体】对话框，在【字体】选项卡中设置中文字体为【微软雅黑】，字形为【加粗】，字号为【16】，然后单击【确定】按钮，如图 4-58 所示。

返回【修改样式】对话框，再次单击【格式】按钮，在弹出的列表中选择【段落】选项，打开【段落】对话框，设置段前、段后为【3 磅】，单击【确定】按钮。返回【修改样式】对话框单击【确定】按钮，将修改 Word 内置的【标题 1】样式，效果如图 4-59 所示。

图 4-58 【字体】对话框

图 4-59 修改样式后的标题 1 样式效果

保持标题的选中状态，双击【剪贴板】组中的【格式刷】按钮，将设置的段落格式应用到文档中的其他标题之上，完成后按下 Esc 键结束。

3) 创建样式

在【样式】窗格中单击【新建样式】按钮，打开【根据格式设置创建新样式】对话框，在【名称】文本框中输入"新建标题"，将【样式类型】设置为【链接段落和字符】，将【样式基准】和【后续段落样式】设置为【标题 3】和【索引 3】，然后单击【格式】区域中字体的下拉按钮，从弹出的列表中选择【黑体】选项，如图 4-60 所示。

　　单击【格式】区域中字号的下拉按钮，从弹出的列表中选择【12】选项，然后单击【确定】按钮，在【样式】窗格中创建"新建标题"样式。选中文档中的文本，单击【样式】窗格中的【新建标题】选项，即可将其应用于文本，如图 4-61 所示。

图 4-60　新建样式

图 4-61　应用新建样式

　　重复同样的操作，为文档中其他文本应用创建的样式。

10. 插入并设置页码

　　打开【插入】选项卡，在【页眉和页脚】组中单击【页码】选项，在弹出的列表中选择【设置页码格式】选项，如图 4-62 所示。

　　打开【页码格式】对话框，单击【编号格式】下列按钮，在弹出的列表中选择一种编号格式后，在【页码编号】组中选中【续前节】单选按钮，单击【确定】按钮，如图 4-63 所示。

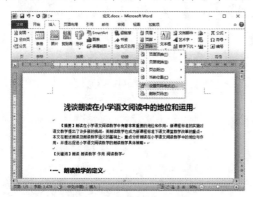

图 4-62　【页码】下拉列表

图 4-63　设置页码格式

　　再次单击【页码和页脚】组中的【页码】选项，在弹出的列表中选择【页面底端】选项，在弹出的子列表中选择一种页码样式，进入页眉和页脚编辑模式，在页面底部显示系统预设的页码格式，用户根据需要进行修改后，单击【设计】选项卡中的【关闭页眉和页脚】按钮，即可完成页码的设置，如图 4-64 所示。

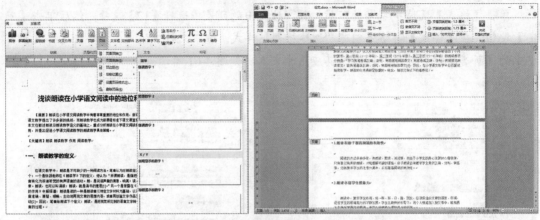

图 4-64　在页眉和页脚编辑模式中设置页码

最后，按快捷组合键 Ctrl+S 保存文档。

实验三　设计考勤表

【实验目标】

- 掌握为段落设置底纹的方法。
- 掌握设置段落格式的方法。
- 掌握在文档中插入与编辑表格的方法。
- 学会设置表格的样式和背景颜色。

【实验内容】

(1) 设置段落底纹。

(2) 在文档中快速插入表格。

(3) 在表格中插入行与列。

(4) 设置表格样式。

(5) 设置表格底纹。

【实验步骤】

1. 设置段落底纹

按快捷组合键 Ctrl+N 新建一个空白文档，并保存为"考勤表"。输入标题"公司考勤表"，然后设置其字体为【黑体】、字号为【二号】、对齐方式为【居中】，如图 4-65 所示。选中"公司考勤表"文本，在【段落】组中单击对话框启动器按钮，打开【段落】对话框，设置【段后】间距为【0.5 行】，【行距】为【最小值】【0 磅】，如图 4-66 所示。

单击【确定】按钮后，在【段落】组中单击【边框和底纹】下拉按钮，选择【边框和底纹】命令，如图 4-67 所示。打开【边框和底纹】对话框，打开【底纹】选项卡，在【填充】下拉列表中选择一种颜色；在【应用于】下拉列表中选择【段落】选项，如图 4-68 所示。

图 4-65 设置文档标题

图 4-66 【段落】对话框

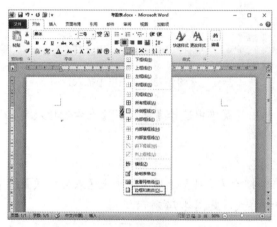

图 4-67 设置文本的边框和底纹

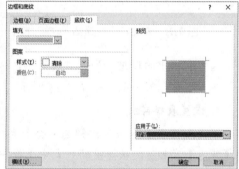

图 4-68 设置【底纹】选项卡

设置完成后，单击【确定】按钮，文档效果如图 4-69 所示。

2. 在文档中快速插入表格

将光标定位在第 2 行，输入相关文本，如图 4-70 所示，其中下划线可配合【下划线】按钮 <u>U</u>·和空格键来完成。

图 4-69 段落底纹效果

图 4-70 输入文本并设置文本格式

将光标定位在第 3 行，打开【插入】选项卡，在【表格】组中单击【表格】按钮，在弹出的列表中移动鼠标，绘制一个 10×7 的表格，如图 4-71 所示。

3. 在表格中插入行与列

选中表格的任意一行，右击鼠标，从弹出的菜单中选择【插入】|【在下方插入行】命令，在表格中插入一行，如图 4-72 所示。

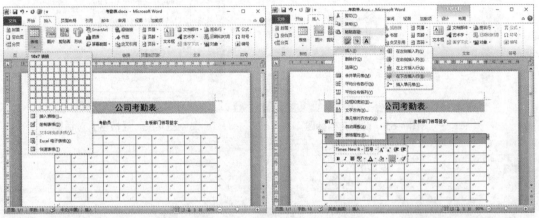

　　图 4-71　在文档中快速插入表格　　　　　　　图 4-72　在表格中插入行

选中表格中的任意一列，右击鼠标，从弹出的菜单中选择【插入】|【在右侧插入列】命令，在表格中插入一列，如图 4-73 所示。

4. 设置表格样式

单击表格左上角的 ⊞ 按钮选中整个表格，打开【设计】选项卡，单击【表格样式】组中的【其他】按钮▼，从弹出的列表中选择一种样式，如图 4-74 所示。

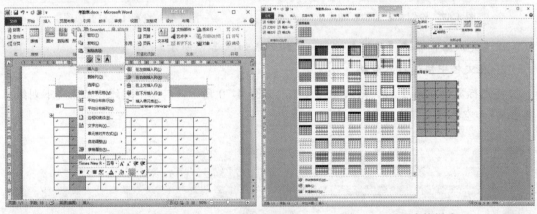

　　图 4-73　在表格中插入列　　　　　　　　　图 4-74　设置表格样式

5. 设置表格底纹

在表格中输入文本后再次选中整个表格，右击鼠标，从弹出的菜单中选择【边框和底纹】命令，打开【边框和底纹】对话框，在【底纹】选项卡中单击【填充】下拉按钮，从弹出的列表中选择一种颜色后，单击【确定】按钮，如图 4-75 所示。

选中创建的标题和表格，按快捷组合键 Ctrl+C 将其复制，然后将鼠标指针放置在表格后的空行中，按 Enter 键新增几个空行后，按快捷组合键 Ctrl+V，执行【粘贴】命令(以上步骤可重复执行多次)，效果如图 4-76 所示。

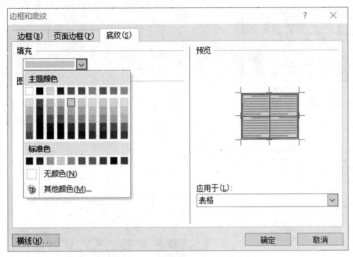

图 4-75　【边框和底纹】对话框　　　　　　　　图 4-76　考勤表效果

最后，按快捷组合键 Ctrl+S 保存制作好的"考勤表"文档。

实验四　制作研究报告

【实验目标】
- 掌握设置文本格式的方法。
- 掌握设置分栏排版文档的方法。

【实验内容】
(1) 设置文档标题格式。
(2) 设置分栏排版文档。
(3) 设置文档段落格式。
(4) 使用样式统一文档内容格式。
(5) 插入并调整图片。

【实验步骤】

1. 设置文档标题格式

按快捷组合键 Ctrl+N 创建一个空白文档，在文档中输入图 4-77 所示的内容。选中第一行标题文本，在【开始】选项卡的【字体】组中将【字体】设置为【宋体】，【字号】设置为【二号】，单击【加粗】按钮，如图 4-78 所示。

图 4-77　输入文档内容

图 4-78　设置标题文本格式

2. 设置分栏排版文档

选中图 4-79 所示的文本，在【样式】组中选择【副标题】选项。选中图 4-80 所示的文本，在【页面布局】组中选择【分栏】选项，然后选择【两栏】选项，即将选中文本分为两栏，如图 4-81 所示。

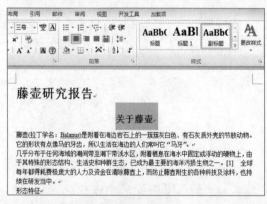

图 4-79　设置副标题

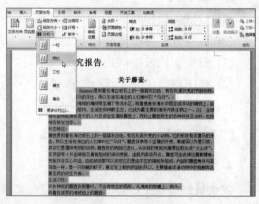

图 4-80　设置两栏排版

3. 设置文档段落格式

选择图 4-81 所示的文本，在【开始】选项卡的【字体】组中设置字体为【华文楷体】，【字号】为【五号】。

保持文本的选中状态，右击鼠标，在弹出的菜单中选择【段落】命令。

打开【段落】对话框，在【缩进】选项组中，设置【特殊格式】为【首行缩进】，【磅值】

为【2字符】，然后单击【确定】按钮，如图4-82所示。

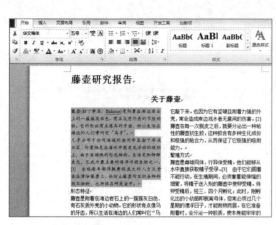

图 4-81　选择文本

图 4-82　设置首行缩进

完成段落设置后，选中文本"形态特征"，右击鼠标，从弹出的菜单中选择【字体】命令。

打开【字体】对话框，在【字体】选项卡中设置【中文字体】为【微软雅黑】，【字形】为【加粗】，【字号】为【小四】，如图4-83所示，单击【确定】按钮。

在【剪贴板】组中双击【格式刷】按钮，然后在文档中其他文本上按住鼠标左键拖动，复制文本格式，如图4-84所示。

图 4-83　设置【字体】对话框

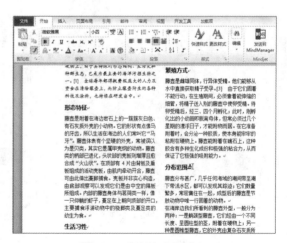

图 4-84　复制文本格式

4. 使用样式统一文档内容格式

按Esc键，关闭【格式刷】工具。在【开始】选项卡的【样式】组中单击对话框启动器按钮，在打开的【样式】窗口中选择【创建样式】按钮，如图4-85所示。

弹出【根据格式设置创建新样式】对话框，在【名称】文本框中输入"书面"，设置字体【格式】为【华文中宋】，【字号】为【五号】，如图4-86所示。

图 4-85　创建样式　　　　　　　　　　　　图 4-86　设置格式

按快捷组合键 Ctrl+Shift 选中图 4-87 所示的文本，然后在【样式】窗口中单击【书面】样式，为文本应用创建的样式。

5. 插入并调整图片

将鼠标指针插入图 4-88 所示的位置。打开【插入】选项卡，单击【插图】组中的【图片】按钮。

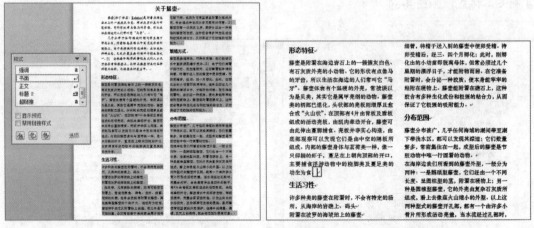

图 4-87　应用【书面】样式　　　　　　　　　图 4-88　放置光标

打开【插入图片】对话框，选择一张图片后单击【确定】按钮，该图片即插入文档中。右击文档中插入的图片，在弹出的菜单中选择【自动换行】|【四周型环绕】命令，如图 4-89 所示。

拖动图片四周的控制点调整图片的大小，然后用鼠标左键单击并按住图片拖动，调整图片在文档中的位置，如图 4-90 所示。

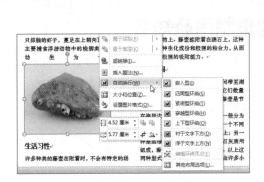

图 4-89　设置四周型环绕　　　　　　　　图 4-90　调整图片的位置

用同样的方法，在文档中插入更多图片并调整其位置，如图 4-91 所示。最后，按快捷组合键 Ctrl+S，打开【另存为】对话框，将文档以"研究报告"为名称保存，如图 4-92 所示。

图 4-91　文档效果　　　　　　　　　　　图 4-92　保存文档

第二部分　综合实验

实验一　文件导入

【实验目标】

在 Word 文档中导入其他格式的文档。

【实验内容】

(1) 在【开始】选项卡【文本】组中选择【对象】按钮。

(2) 打开【对象】对话框，选择【由文件创建】选项。

(3) 打开【浏览】对话框，将文件导入 Word 文档中。

实验二　批量制作通知书

【实验目标】

使用 Word 软件的"邮件合并"功能批量制作通知书。

【实验内容】

(1) 在 Excel 中制作数据源(收件人姓名和称呼)。

(2) 使用 Word 制作"主文档"(制作录用)。

(3) 利用【邮件合并】功能生成新文档或直接打印。

实验三　制作学生简报

【实验目标】

使用 Word 2010 制作一个名为"学生简报"的文档。

【实验内容】

(1) 创建"学生简报"文档并输入内容。

(2) 为文档中的文本设置"双行合一"版式。

(3) 为文档中的文本设置"分栏"版式。

(4) 为文档中的段落设置"首字下沉"版式。

实验四　制作制度文档

【实验目标】

使用 Word 2010 制作一个名为"公司管理制度"的文档

【实验内容】

(1) 使用 Word 创建"公司管理制度"，并在其中输入内容。

(2) 为文档创建并设置内置样式的目录。

(3) 在文档中输入脚本。

实验五　编排租赁协议

【实验目标】

使用 Word 2010 制作一个名为"房屋租赁协议"的文档。

【实验内容】

(1) 使用 Word 创建"房屋租赁协议"文档。

(2) 使用"选择性粘贴"功能，复制来自网页的文档内容。

(3) 创建文档段落和标题格式，并使用【格式刷】工具复制格式。

(4) 在文档中插入制表位。

(5) 将文档打印两份。

第5章　电子表格软件Excel 2010

实验一　制作学生成绩表

【实验目标】

- 掌握创建工作簿与重命名工作表的方法。
- 掌握在工作表中输入数据的方法。
- 掌握在工作表中插入行与合并单元格的方法。
- 掌握调整表格行高和列宽的方法。
- 掌握设置表格内容对齐方式的方法。
- 掌握设置 Excel 表格边框和填充的方法。

【实验内容】

(1) 重命名工作表名称。

(2) 在工作表中输入数据。

(3) 在工作表中插入行且合并单元格。

(4) 调整表格的行高和列宽。

(5) 设置表格内容对齐方式。

(6) 设置表格的边框和底纹。

【实验步骤】

1. 重命名工作表名称

启动 Excel 2010，按快捷组合键 Ctrl+N 创建一个空白工作簿，右击 Sheet1 工作表标签，在弹出的菜单中选择【重命名】命令，然后输入文字"学生成绩表"并按 Enter 键，如图 5-1 所示。

2. 在表格中输入数据

选中 A1 单元格，然后输入文本"学生成绩表"，如图 5-2 所示。

用同样的方法，在工作表中输入其他数据，效果如图 5-3 所示。

图 5-1　重命名工作表　　　　　　　图 5-2　输入表格标题文本

3. 在工作表中插入行且合并单元格

选中并右击 A2 单元格，在弹出的菜单中选中【插入】命令，在表格中插入一行空行，如图 5-4 所示。

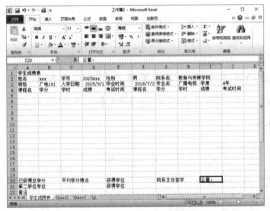　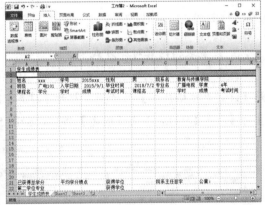

图 5-3　在表格中输入数据　　　　　　图 5-4　在表格中插入空行

选中 A1:J2 单元格区域，打开【开始】选项卡，在【对齐方式】组中单击【合并后居中】按钮，如图 5-5 所示。在【字体】组中设置合并后单元格中文字大小为 20，设置字体为【黑体】，如图 5-6 所示。

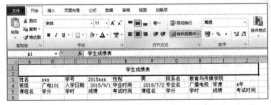　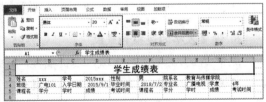

图 5-5　合并单元格　　　　　　　　图 5-6　设置字体格式

4. 调整表格的行高和列宽

选中 A1:J23 单元格区域，在【单元格】组中单击【格式】下拉列表按钮，在弹出的下拉列表中选中【自动调整行高】和【自动调整列宽】命令，自动调整选中区域的行高和列宽，如图 5-7 所示。

选中 A1 单元格，在【单元格】组中单击【格式】下拉列表按钮，在弹出的下拉列表中选中【行高】命令，打开【行高】对话框，在【行高】文本框中输入20，然后单击【确定】按钮，如图 5-8 所示。

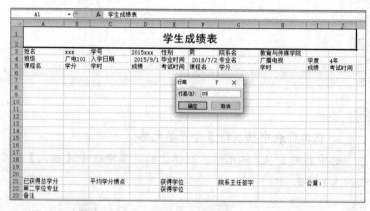

图 5-7　自动设置行高和列宽　　　　　　　　图 5-8　设置单元格行高

5. 设置表格内容对齐方式

选中 A3:J5 单元格区域，右击鼠标，从弹出的菜单中选择【设置单元格格式】命令，打开【设置单元格格式】对话框，打开【对齐】选项卡，将【水平对齐】和【垂直对齐】都设置为【居中】，然后单击【确定】按钮，如图 5-9 所示。

图 5-9　设置表格内容对齐方式

6. 设置表格的边框和底纹

选中 A1:J23 单元格区域，右击鼠标，从弹出的菜单中选择【设置单元格格式】命令，打开【设置单元格格式】对话框，打开【边框】选项卡，在【样式】列表中选择一种样式类型，单击【外边框】按钮，设置表格的外边框，如图 5-10 所示。

在【样式】列表中选择一种样式类型后，单击【内边框】按钮，设置表格的内边框，如图 5-11 所示。

打开【填充】选项卡，在【背景色】选项区域中选择一种颜色，设置选中单元格区域的填充颜色，图 5-12 所示。单击【确定】按钮，制作的表格效果如图 5-13 所示。

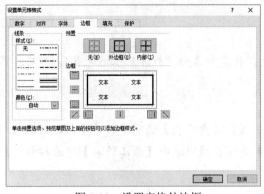

图 5-10　设置表格外边框

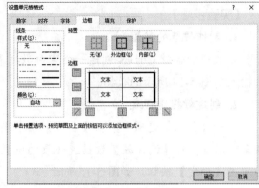

图 5-11　设置表格内边框

图 5-12　设置填充颜色

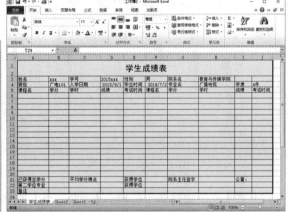

图 5-13　表格效果

最后，按 F12 键打开【另存为】对话框，将工作表以"学生成绩表"为名称保存。

实验二　分析教师基本情况表

【实验目标】

- 掌握在 Excel 数据表中创建数据透视表的方法。
- 掌握在数据透视表中插入字段的方法。
- 掌握制作数据透视图表的方法。

【实验内容】

(1) 制作规范的数据表。

(2) 创建数据透视表。

(3) 在数据透视表中插入字段。

(4) 创建数据透视图表。

【实验步骤】

1. 制作规范的数据表

按快捷组合键 Ctrl+N 创建一个空白数据表，将其命名为"教师基本情况表"，然后在其中输入如图 5-14 所示的数据。

2. 创建数据透视表

打开【插入】选项卡，在【表格】组中单击【数据透视表】选项。打开【创建数据透视表】对话框，在【选择放置数据透视表的位置】选项区域中选中【新工作表】单选按钮，然后单击【确定】按钮，如图 5-15 所示。

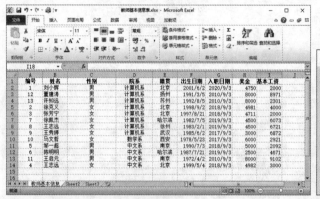

图 5-14　创建"教师基本情况表"工作表　　　图 5-15　【创建数据透视表】对话框

打开【数据透视表字段列表】窗格，在【选择要添加到报表的字段】选项区域中选中【姓名】、【院系】、【籍贯】和【基本工资】复选框，如图 5-16 所示，生成图 5-17 所示数据透视表。

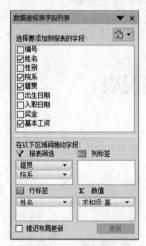

图 5-16　【数据透视表字段列表】窗格　　　图 5-17　生成数据透视表

3. 在数据透视表中插入字段

将鼠标指针置于数据透视表中，选中任意一个单元格，打开【选项】选项卡，单击【域、项目和集】下拉按钮，从弹出的列表中选择【计算字段】选项，如图 5-18 所示。

打开【插入计算字段】对话框，在【名称】文本框中输入"实发工资"，然后在【公式】文本框中输入"='基本工资 '+ 奖金"，如图 5-19 所示。

图 5-18　插入计算字段　　　　　　图 5-19　【插入计算字段】对话框

单击【确定】按钮后，数据透视表添加图 5-20 所示的字段。

4. 创建数据透视图表

打开【选项】选项卡，在【工具】组中单击【数据透视图】选项，打开【插入图表】对话框，选择一种图表样式后，单击【确定】按钮，如图 5-21 所示。

图 5-20　在数据透视表中插入字段　　　　　图 5-21　【插入图表】对话框

此时，在工作表中创建图 5-22 所示的数据透视图表，单击图表左上角的【院系】或【籍贯】按钮，在弹出的列表中选择筛选项，单击【确定】按钮后，图表将发生变化。

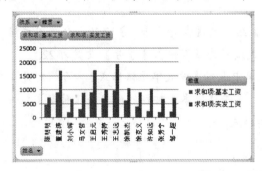

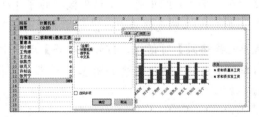

图 5-22　创建数据透视表

实验三　设置学生档案数据有效性

【实验目标】

● 掌握在工作表中设置输入数据有效值的方法。

- 学会在表格中圈释不符合输入规范要求的数据。
- 掌握设置禁止用户修改工作表指定内容的方法。

【实验内容】

(1) 制作"学生档案"工作表。

(2) 设置输入内容有效性。

(3) 设置输入内容提示信息。

(4) 设置保护工作表内容。

【实验步骤】

1. 制作"学生档案"工作表

按快捷组合键 Ctrl+N 创建一个空白工作簿,将 Sheet1 工作表重命名为"学生档案",并在工作表中输入图 5-23 所示的数据。

选中表格的第 1 行右击鼠标,从弹出的菜单中选择【行高】命令,打开【行高】对话框,在【行高】文本框中输入 35,然后单击【确定】按钮,如图 5-24 所示。

图 5-23　输入表格内容　　　　　　　　图 5-24　设置行高

选中 A1:I1 单元格区域,单击【对齐方式】组中的【合并后居中】选项,合并单元格,然后在【字体】组中将单元格中数据的字体格式设置为【黑体】,【字号】设置为 22。

选中 A12 单元格后右击鼠标,从弹出的菜单中选择【设置单元格格式】命令,打开【设置单元格格式】对话框,打开【对齐】选项卡,单击【文本】按钮然后单击【确定】按钮,将单元格内的文本设置为如图 5-25 所示的竖排格式。

图 5-25　设置单元格内文本竖排显示

　　选中 A9:A11 单元格区域，单击【对齐方式】组中的【合并后居中】选项，合并单元格，如图 5-26 所示。

　　保持合并后单元格的选中状态，按快捷组合键 Ctrl+1，打开【设置单元格格式】对话框，单击【对齐】选项卡中的【文本】按钮，然后单击【确定】按钮，设置单元格内的数据竖排显示，如图 5-27 所示。

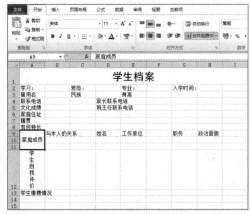

图 5-26　合并单元格

图 5-27　设置竖排显示单元格数据

　　单击【单元格】组中的【格式】下拉按钮，从弹出的下拉列表中选择【行高】选项，打开【行高】对话框，在【行高】文本框中输入 35，然后单击【确定】按钮，设置单元格的行高，如图 5-28 所示。

　　选中工作表中的 B4:C4 单元格区域，按快捷组合键 Ctrl+1，打开【设置单元格格式】对话框，选中【对齐】选项卡中的【合并单元格】复选框，然后单击【确定】按钮，合并选中的单元格区域。选中工作表中其他需要合并的单元格区域，按 F4 键重复执行"合并单元格"操作，设置工作表效果如图 5-29 所示。

图 5-28　设置单元格行高

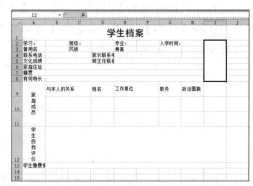

图 5-29　按 F4 键重复执行相同的操作

　　将鼠标指针放置在工作表行号和列标之间，按住鼠标左键拖动，调整工作表各单元格的高度和宽度，使其效果如图 5-30 所示。

图 5-30　设置单元格内文本竖排显示

选中 A1:I13 单元格区域，按快捷组合键 Ctrl+1，打开【设置单元格格式】对话框，打开【边框】选项卡，为单元格区域设置如图 5-31 所示的边框。

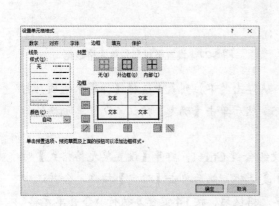

图 5-31　设置单元格区域的边框

2. 设置输入内容有效性

选中 H2 单元格后，打开【数据】选项卡，在【数据工具】组中单击【数据有效性】选项，打开【数据有效性】对话框，打开【设置】选项卡，单击【允许】下拉按钮，从弹出的列表中选择【日期】选项，然后在【开始日期】和【结束日期】文本框中输入允许用户输入的日期期间值，如图 5-32 所示。

图 5-32　设置输入内容有效性

打开【出错警告】选项卡，单击【样式】下拉按钮，从弹出的列表中选择【警告】选项，然后在【标题】文本框中输入"输入错误"，在【错误信息】文本框中输入"请输入 2019/9/1 至 2019/9/2 之间的日期"，然后单击【确定】按钮，如图 5-33 所示。

此时，若用户在 H2 单元格中输入一个不符合数据有效性要求的数据，Excel 将弹出如图 5-34 所示的提示信息。

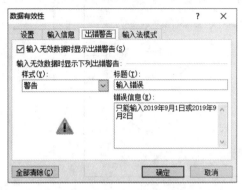

图 5-33　【出错警告】选项卡　　　　　　　　图 5-34　输入错误提示信息

3. 设置输入内容提示信息

选中 B12 单元格，单击【数据工具】组中的【数据有效性】选项，打开【数据有效性】对话框，打开【输入信息】选项卡，在【标题】文本框中输入"提示"，在【输入信息】文本框中输入"自我评价内容不超过 150 个字"，然后单击【确定】按钮，如图 5-35 所示。

此时，选中 B12 单元格后，Excel 将显示图 5-36 所示的输入提示信息。

图 5-35　【输入信息】选项卡　　　　　　　　图 5-36　输入提示信息

4. 设置保护工作表内容

按住 Ctrl 键选中表格中禁止其他用户修改的单元格，按快捷组合键 Ctrl+1，打开【设置单元格格式】对话框，选择【保护】对话框，选中【锁定】复选框后单击【确定】按钮，如图 5-37 所示。

右击【学生档案】工作表标签，从弹出的菜单中选择【保护工作表】命令，打开【保护工作表】对话框，在【取消工作表保护时使用的密码】文本框中输入密码后，单击【确定】按钮，如图 5-38 所示。

图 5-37 【保护】选项卡

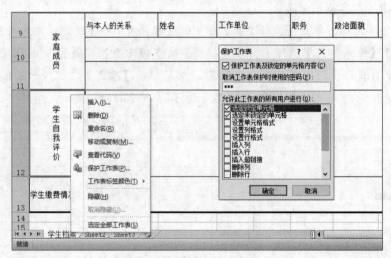

图 5-38 设置保护工作表

在打开的【确认密码】对话框中再次输入密码，然后单击【确定】按钮，如图 5-39 所示。按快捷组合键 Ctrl+S，保存工作簿。此后，若有人尝试修改受保护的单元格内容，Excel 将弹出图 5-40 所示的提示对话框。

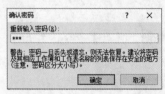

图 5-39 【确认密码】对话框

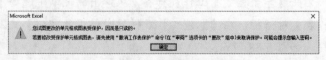

图 5-40 工作表保护提示

实验四　创建考试成绩分析图表

【实验目标】
- 掌握使用 Excel 数据创建图表的方法。
- 掌握设置图表数据源与更改图表类型的方法。
- 掌握设置图表样式、位置，并添加趋势线的方法。

【实验内容】
(1) 创建图表。
(2) 设置图表数据源。
(3) 更改图表类型。
(4) 设置图表样式。
(5) 移动图表位置。

【实验步骤】
1. 创建图表
按快捷组合键 Ctrl+N 创建一个空白工作簿，将 Sheet1 工作表命名为"成绩表"，并输入图 5-41 所示的数据。

	A	B	C	D	E	F
1	姓　名	计算机导论	数据结构	数字电路	操作系统	
2	方茜茜	83	85	75	83	
3	王惠珍	88	81	83	91	
4	李大刚	82	58	66	69	
5	朱　玲	64	73	78	56	
6	魏　欣	76	80	80	90	
7	叶　海	95	79	80	91	
8	陆源东	76	65	74	89	
9	赵大龙	80	77	63	77	
10						

图 5-41　创建"成绩表"工作表

打开【插入】选项卡，在【图表】组中单击【条形图】下拉列表按钮，在弹出的下拉列表中选择【簇状条形图】选项，如图 5-42 所示。

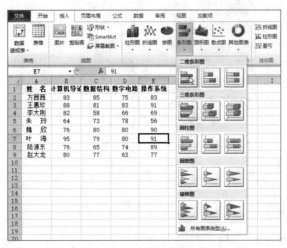

图 5-42　创建簇状条形图

在工作表中插入如图 5-43 所示的图表。

图 5-43　图表效果

2. 设置图表数据源

在工作表中插入图表后，打开【设计】选项卡，在【数据】组中单击【选择数据】选项，打开【选择数据源】对话框。在【选择数据源】对话框中选择【数字电路】选项后，单击【删除】按钮，如图 5-44 所示。

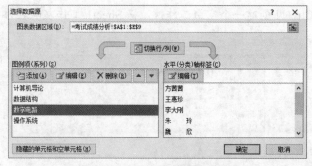

图 5-44　【选择数据源】对话框

单击【确定】按钮后，图表的效果如图 5-45 所示。

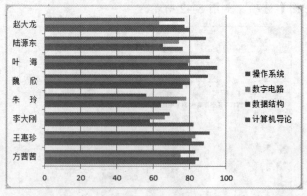

图 5-45　图表效果

3. 更改图表类型

单击【设计】选项卡【类型】组中的【更改图表类型】按钮，打开【更改图表类型】对话框，选择一种图表类型(例如"三维簇状柱形图")，如图 5-46 所示。

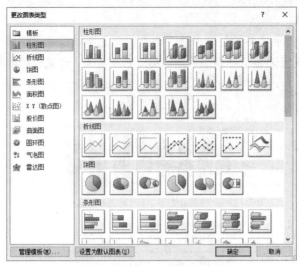

图 5-46 【更改图表类型】对话框

单击【确定】按钮，将更改图表的类型，如图 5-47 所示。

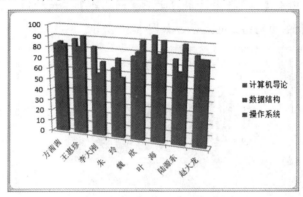

图 5-47 更改图表的类型

4. 设置图表样式

1) 设置图例的位置

打开【布局】选项卡，单击【图例】下拉按钮，从弹出的列表中选择【在底部显示图例】选项。设置图例在图表中的位置如图 5-48 所示。

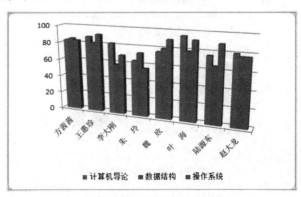

图 5-48 调整图例在图表中的位置

2) 设置图表标题

单击【布局】选项卡【标签】组中的【图表标题】下拉按钮，从弹出的列表中选择【图表上方】选项，在图表上方显示标题，并将标题文本设置为"考试成绩分析"，如图 5-49 所示。

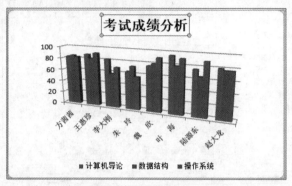

图 5-49　设置图表标题

3) 设置图表网格线

单击【布局】选项卡【标签】组中的【主要横网格线】下拉按钮，从弹出的列表中选择【无】选项，取消图表中的网格线的显示，如图 5-50 所示。

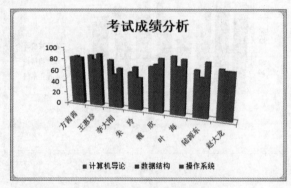

图 5-50　取消图表网格线的显示

4) 设置图表数据标签

单击【布局】选项卡【标签】组中的【数据标签】下拉按钮，在弹出的列表中选择【显示】选项，在图表中显示图 5-51 所示的数据标签。

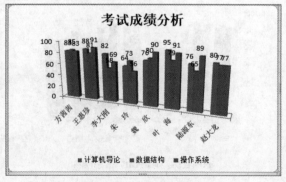

图 5-51　设置图表数据标签

5) 设置数据系列的形状

打开【插入】选项卡，单击【插图】组中的【形状】下拉按钮，从弹出的列表中选择【等腰三角形】选项，绘制三个等腰三角形，并为其各自设置不同的填充颜色，如图 5-52 所示。

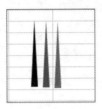

图 5-52　绘制图形

选中图 5-52 中任意一个等腰三角形，按快捷组合键 Ctrl+C 执行【复制】命令，然后选中图表中的数据系列，按快捷组合键 Ctrl+V，将绘制的图形应用于数据系列之上。重复执行同样的操作，设置图表中数据系列的形状如图 5-53 所示。

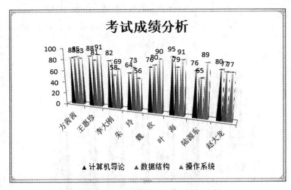

图 5-53　设置数据系列的形状

6) 调整图表大小

选中图表后打开【格式】选项卡，在【大小】组中设置【宽度】为 15 厘米，【高度】为 26 厘米，设置图表的大小如图 5-54 所示。

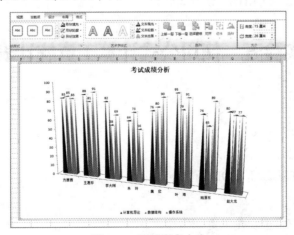

图 5-54　调整图表大小

5. 移动图表位置

选中图表后打开【设计】选项卡，在【位置】组中单击【移动图表】按钮，打开【移动图表】对话框，单击【新工作表】单选按钮，然后在其后的文本框中输入"图表"，并单击【确定】按钮，如图 5-55 所示。

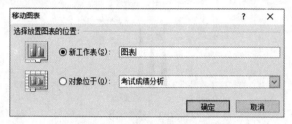

图 5-55　【移动图表】对话框

此时，工作表中的图表将被移动到新建的"图表"工作表中，如图 5-56 所示。

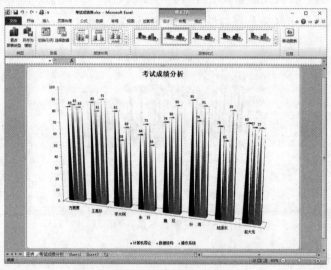

图 5-56　移动图表效果

最后，按快捷组合键 Ctrl+S，保存工作簿。

实验五　使用公式计算工资统计表

【实验目标】

- 学会使用 Excel 函数。
- 掌握 SUM 函数的使用方法。
- 学会使用 INT 函数和 MOD 函数。

【实验内容】

(1) 使用函数计算员工实发工资。

(2) 使用 SUM 函数计算实发工资总额。

(3) 使用 INT 函数和 MOD 函数计算人民币发放情况。

【实验步骤】

1. 使用函数计算员工实发工资

按快捷组合键 Ctrl+N 创建一个空白工作簿，将其命名为“工资发放统计”，并在其中输入图 5-57 所示的数据。

选中 E3 单元格，打开【公式】选项卡，在【函数库】组中单击【自动求和】按钮，在弹出的下拉列表中选择【求和】选项，如图 5-58 所示。

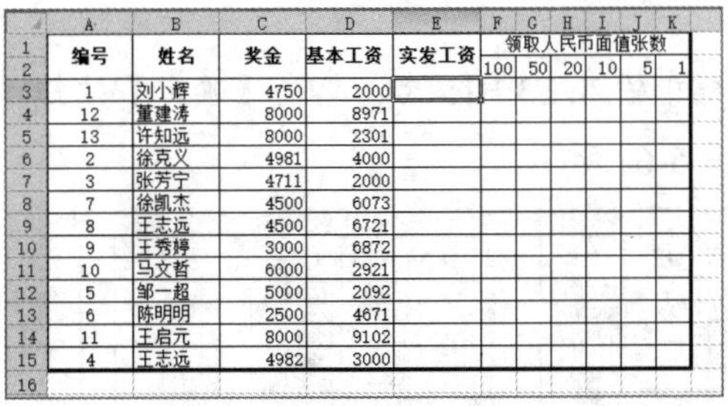

编号	姓名	奖金	基本工资	实发工资	领取人民币面值张数					
					100	50	20	10	5	1
1	刘小辉	4750	2000							
12	董建涛	8000	8971							
13	许知远	8000	2301							
2	徐克义	4981	4000							
3	张芳宁	4711	2000							
7	徐凯杰	4500	6073							
8	王志远	4500	6721							
9	王秀婷	3000	6872							
10	马文哲	6000	2921							
5	邹一超	5000	2092							
6	陈明明	2500	4671							
11	王启元	8000	9102							
4	王志远	4982	3000							

图 5-57　创建数据表

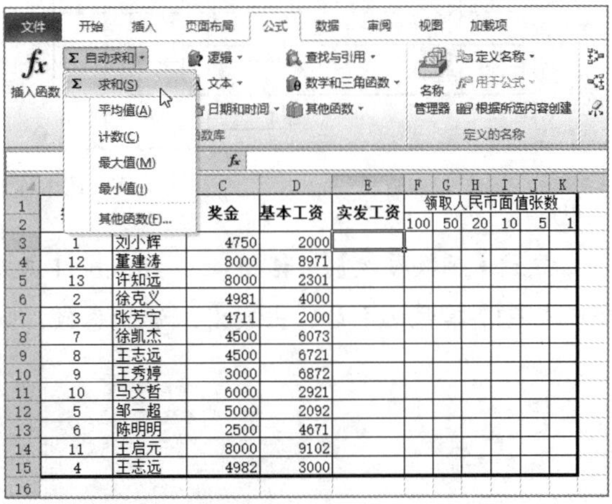

编号	姓名	奖金	基本工资	实发工资	领取人民币面值张数					
					100	50	20	10	5	1
1	刘小辉	4750	2000							
12	董建涛	8000	8971							
13	许知远	8000	2301							
2	徐克义	4981	4000							
3	张芳宁	4711	2000							
7	徐凯杰	4500	6073							
8	王志远	4500	6721							
9	王秀婷	3000	6872							
10	马文哲	6000	2921							
5	邹一超	5000	2092							
6	陈明明	2500	4671							
11	王启元	8000	9102							
4	王志远	4982	3000							

图 5-58　自动求和

此时，Excel 将自动添加函数参数，按 Enter 键，计算出员工“刘小辉”的实发工资，如图 5-59 所示。

将光标移至 E3 单元格右下角，待光标变为十字箭头时，双击鼠标向下复制公式，计算出其他员工的实发工资，如图 5-60 所示。

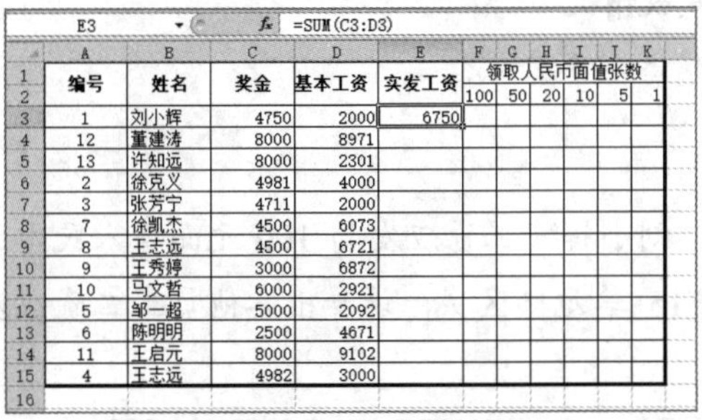

编号	姓名	奖金	基本工资	实发工资	领取人民币面值张数					
					100	50	20	10	5	1
1	刘小辉	4750	2000	6750						
12	董建涛	8000	8971							
13	许知远	8000	2301							
2	徐克义	4981	4000							
3	张芳宁	4711	2000							
7	徐凯杰	4500	6073							
8	王志远	4500	6721							
9	王秀婷	3000	6872							
10	马文哲	6000	2921							
5	邹一超	5000	2092							
6	陈明明	2500	4671							
11	王启元	8000	9102							
4	王志远	4982	3000							

图 5-59　计算刘小辉的实发工资

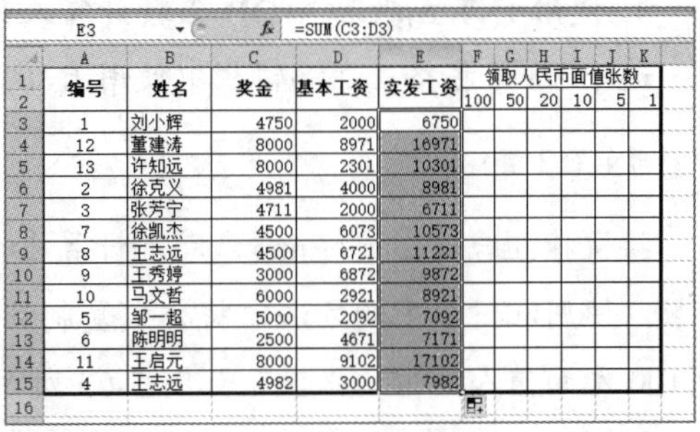

编号	姓名	奖金	基本工资	实发工资	领取人民币面值张数					
					100	50	20	10	5	1
1	刘小辉	4750	2000	6750						
12	董建涛	8000	8971	16971						
13	许知远	8000	2301	10301						
2	徐克义	4981	4000	8981						
3	张芳宁	4711	2000	6711						
7	徐凯杰	4500	6073	10573						
8	王志远	4500	6721	11221						
9	王秀婷	3000	6872	9872						
10	马文哲	6000	2921	8921						
5	邹一超	5000	2092	7092						
6	陈明明	2500	4671	7171						
11	王启元	8000	9102	17102						
4	王志远	4982	3000	7982						

图 5-60　复制公式

2. 使用 SUM 函数计算实发工资总额

在 D17 单元格中输入“工资总额”，然后选中 E17 单元格，单击【公式】选项卡中的【插入函数】按钮。打开【插入函数】对话框，在【选择函数】列表中选择 SUM 选项，然后单击【确定】按钮，如图 5-61 所示。

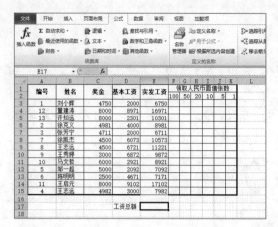

图 5-61　在工作表中插入函数

打开【函数参数】对话框，在 Number1 文本框中输入 E3:E15 后，单击【确定】按钮，即可在 E17 单元格中计算出实发工资的总额，如图 5-62 所示。

图 5-62　计算实发工资的总额

3. 使用 INT 函数和 MOD 函数计算人民币发放情况

选中 F3 单元格，在编辑栏中使用 INT 函数输入以下公式：

```
=INT(E3/$F$2)
```

按快捷组合键 Ctrl+Enter，即可计算出员工"刘小辉"工资应发的 100 元面值人民币的张数。使用相对引用的方法，将公式复制到 F4:F15 单元格区域，计算出其他员工工资应发的 100 元面值人民币的张数，如图 5-63 所示。

图 5-63　计算应发 100 元人民币的张数

选中 G3 单元格，在编辑栏中输入以下公式：

=INT(MOD(E3,$F$2)/$H$2)

按快捷组合键 Ctrl+Enter，即可计算出员工“刘小辉”工资的剩余部分应发的 50 元面值人民币的张数。使用相对引用的方法，将公式复制到 G4:G15 单元格区域，计算出其他员工工资的剩余部分应发的 50 元面值人民币的张数，如图 5-64 所示。

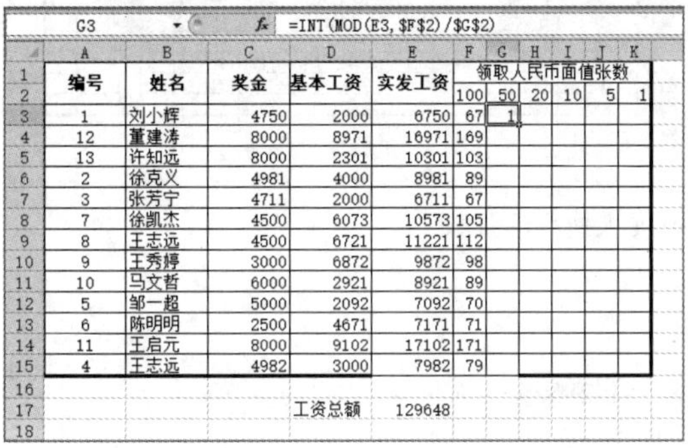

G3　=INT(MOD(E3,$F$2)/$G$2)

编号	姓名	奖金	基本工资	实发工资	领取人民币面值张数					
					100	50	20	10	5	1
1	刘小辉	4750	2000	6750	67	1				
12	董建涛	8000	8971	16971	169					
13	许知远	8000	2301	10301	103					
2	徐克义	4981	4000	8981	89					
3	张芳宁	4711	2000	6711	67					
7	徐凯杰	4500	6073	10573	105					
8	王志远	4500	6721	11221	112					
9	王秀婷	3000	6872	9872	98					
10	马文哲	6000	2921	8921	89					
5	邹一超	5000	2092	7092	70					
6	陈明明	2500	4671	7171	71					
11	王启元	8000	9102	17102	171					
4	王志远	4982	3000	7982	79					
			工资总额	129648						

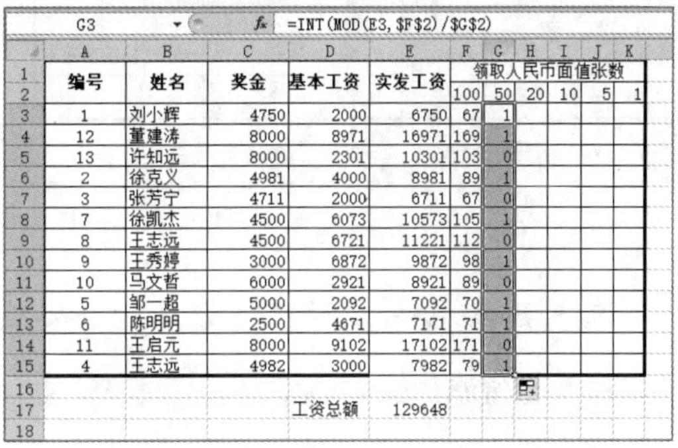

G3　=INT(MOD(E3,$F$2)/$G$2)

编号	姓名	奖金	基本工资	实发工资	领取人民币面值张数					
					100	50	20	10	5	1
1	刘小辉	4750	2000	6750	67	1				
12	董建涛	8000	8971	16971	169	1				
13	许知远	8000	2301	10301	103	0				
2	徐克义	4981	4000	8981	89	1				
3	张芳宁	4711	2000	6711	67	0				
7	徐凯杰	4500	6073	10573	105	1				
8	王志远	4500	6721	11221	112	0				
9	王秀婷	3000	6872	9872	98	1				
10	马文哲	6000	2921	8921	89	0				
5	邹一超	5000	2092	7092	70	1				
6	陈明明	2500	4671	7171	71	1				
11	王启元	8000	9102	17102	171	0				
4	王志远	4982	3000	7982	79	1				
			工资总额	129648						

图 5-64　计算应发 50 元人民币的张数

选中 H3 单元格，在编辑栏中输入以下公式:

=INT(MOD(MOD(E3,$F$2),$G$2)/$H$2)

按快捷组合键 Ctrl+Enter，即可计算出员工“刘小辉”工资的剩余部分应发的 20 元面值人民币的张数。使用相对引用的方法，将公式复制到 H4:H15 单元格区域，计算出其他员工工资的剩余部分应发的 20 元面值人民币的张数，如图 5-65 所示。

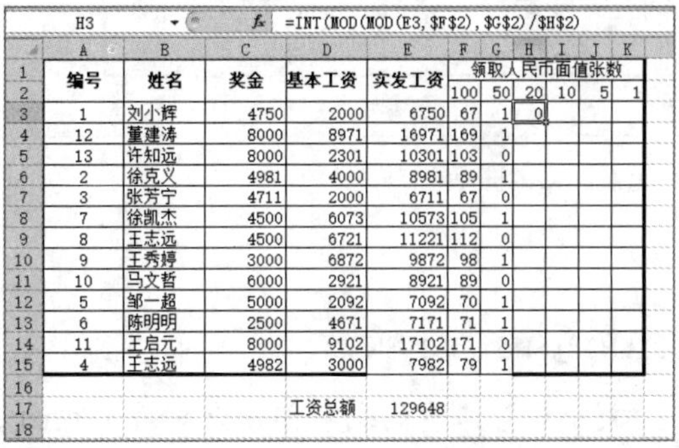

H3　=INT(MOD(MOD(E3,$F$2),$G$2)/$H$2)

编号	姓名	奖金	基本工资	实发工资	领取人民币面值张数					
					100	50	20	10	5	1
1	刘小辉	4750	2000	6750	67	1	0			
12	董建涛	8000	8971	16971	169	1				
13	许知远	8000	2301	10301	103	0				
2	徐克义	4981	4000	8981	89	1				
3	张芳宁	4711	2000	6711	67	0				
7	徐凯杰	4500	6073	10573	105	1				
8	王志远	4500	6721	11221	112	0				
9	王秀婷	3000	6872	9872	98	1				
10	马文哲	6000	2921	8921	89	0				
5	邹一超	5000	2092	7092	70	1				
6	陈明明	2500	4671	7171	71	1				
11	王启元	8000	9102	17102	171	0				
4	王志远	4982	3000	7982	79	1				
			工资总额	129648						

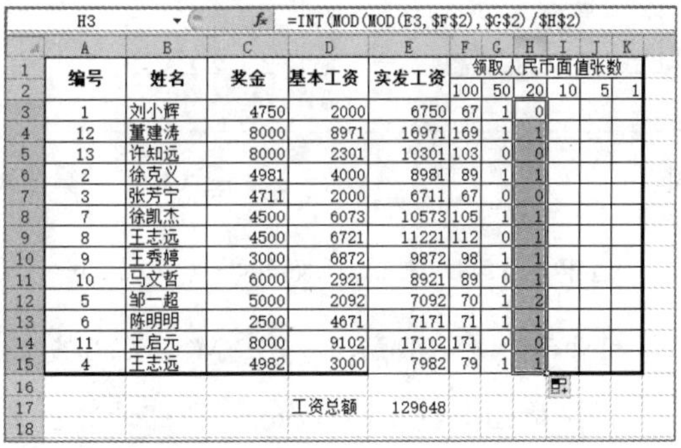

H3　=INT(MOD(MOD(E3,$F$2),$G$2)/$H$2)

编号	姓名	奖金	基本工资	实发工资	领取人民币面值张数					
					100	50	20	10	5	1
1	刘小辉	4750	2000	6750	67	1	0			
12	董建涛	8000	8971	16971	169	1	1			
13	许知远	8000	2301	10301	103	0	0			
2	徐克义	4981	4000	8981	89	1	1			
3	张芳宁	4711	2000	6711	67	0	0			
7	徐凯杰	4500	6073	10573	105	1	1			
8	王志远	4500	6721	11221	112	0	1			
9	王秀婷	3000	6872	9872	98	1	1			
10	马文哲	6000	2921	8921	89	0	1			
5	邹一超	5000	2092	7092	70	1	2			
6	陈明明	2500	4671	7171	71	1	1			
11	王启元	8000	9102	17102	171	0	0			
4	王志远	4982	3000	7982	79	1	1			
			工资总额	129648						

图 5-65　计算应发 20 元人民币的张数

选中 I3 大写单元格，在编辑栏中输入以下公式:

=INT(MOD(MOD(MOD(E3,$F$2),$G$2),$H$2)/$I$2)

按快捷组合键 Ctrl+Enter，即可计算出员工“刘小辉”工资的剩余部分应发的 10 元面值人民币的张数。使用相对引用的方法，将公式复制到 I4:I15 单元格区域，计算出其他员工工资的剩余部分应发的 10 元面值人民币的张数，如图 5-66 所示。

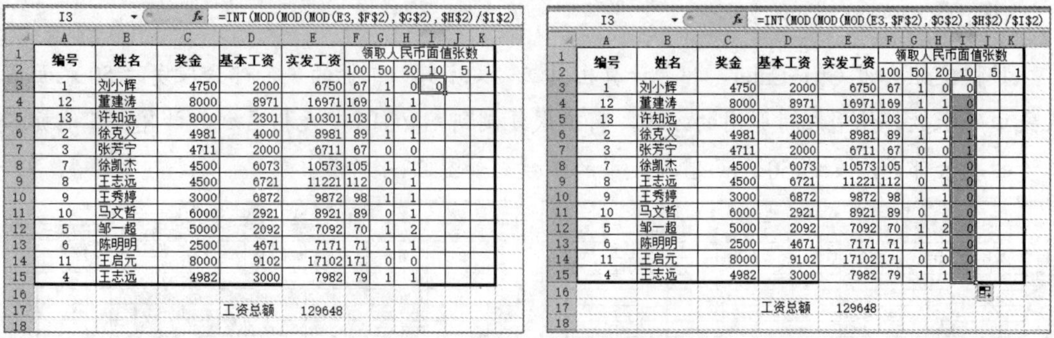

图 5-66　计算应发 10 元人民币的张数

选中 J3 单元格，在编辑栏输入以下公式：

=INT(MOD(MOD(MOD(MOD(E3,$F$2),$G$2),$H$2),$I$2)/$J$2)

按快捷组合键 Ctrl+Enter，即可计算出员工"刘小辉"工资的剩余部分应发的 5 元面值人民币的张数。使用相对引用的方法，将公式复制到 J4:J15 区域，计算出其他员工工资的剩余部分应发的 5 元面值人民币的张数，如图 5-67 所示。

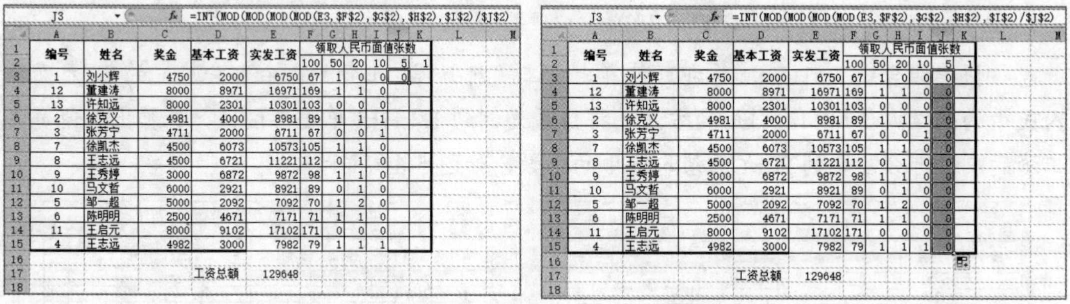

图 5-67　计算应发 5 元人民币的张数

选中 K3 单元格，在编辑栏输入以下公式：

=INT(MOD(MOD(MOD(MOD(MOD(E3,$F$2),$G$2),$H$2),$I$2),$J$2)/$K$2)

按快捷组合键 Ctrl+Enter，即可计算出员工"刘小辉"工资的剩余部分应发的 1 元面值人民币的张数。选用相对引用的方法，将公式复制到 K4:K15 单元格区域，计算出其他员工工资的剩余部分应发的 1 元面值人民币的张数，如图 5-68 所示。

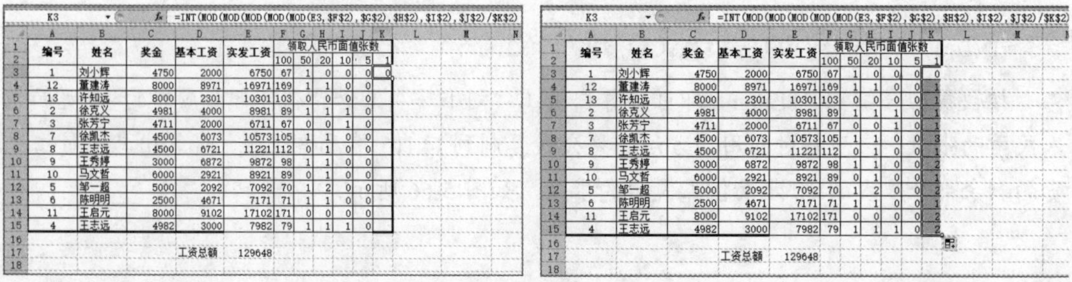

图 5-68　计算应发 1 元人民币的张数

最后，按快捷组合键 Ctrl+S，保存工作簿。

实验六　制作员工工资查询系统

【实验目标】

掌握 LOOKUP 函数的使用方法。

【实验内容】

(1) 制作"员工工资明细查询系统"表。

(2) 设置数据有效性。

(3) 使用 LOOKUP 函数实现工资查询。

【实验步骤】

1. 制作"员工工资明细查询系统"表

打开【实验五】创建的"工资发放统计"工作簿，将 Sheet2 工作表命名为【员工工资明细查询系统】表，在其中创建数据，如图 5-69 所示。

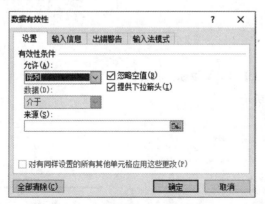

图 5-69　员工工资明细查询系统

2. 设置数据有效性

选中 C3 单元格，打开【数据】选项卡，在【数据工具】组中单击【数据有效性】按钮，打开【数据有效性】对话框。打开【设置】选项卡，单击【允许】下拉按钮，从弹出的列表框中选择【序列】选项，选中右侧所有的复选框，并在【来源】选项区域中单击▓按钮，如图 5-70 所示。

图 5-70　【数据有效性】对话框

切换到"工资发放"工作表，选中 B3:B15 单元格区域，按 Enter 键，如图 5-71 所示。返回【数据有效性】对话框，单击【确定】按钮。

此时，在 C3 单元格右侧显示下拉按钮。单击该下拉按钮，从弹出的下拉菜单中选择员工"刘小辉"，如图 5-72 所示。

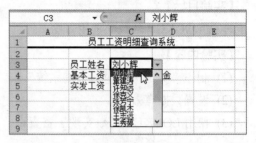

图 5-71　选择数据　　　　　　　　　图 5-72　C3 单元格显示的下拉按钮

3. 使用 LOOKUP 函数实现工资查询

选中 C4 单元格，打开【公式】选项卡，在【函数库】组中单击【查找与引用】按钮，从弹出的菜单中选择 LOOKUP 选项，打开【选定参数】对话框中，选择一种向量型函数，单击【确定】按钮，打开【函数参数】对话框，如图 5-73 所示。

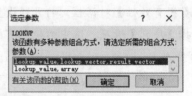

图 5-73　使用 LOOKUP 函数

设置参数内容，单击【确定】按钮，按员工姓名查找基本工资，此处显示的是"刘小辉"的基本工资，如图 5-74 所示。

图 5-74　按姓名查询员工的基本工资

选中 E4 单元格，在编辑栏中输入公式：

=LOOKUP(C3,工资发放!B3:B15,工资发放!C3:C15)

按快捷组合键 Ctrl+Enter，按员工姓名查找绩效工资，此处显示的是刘小辉的奖金，如图 5-75 所示。

选中 C5 单元格，在编辑栏中输入公式：

=LOOKUP(C3,工资发放!B3:B15,工资发放!E3:E15)

按快捷组合键 Ctrl+Enter，按员工姓名查找实发工资，如图 5-76 所示。

图 5-75　显示刘小辉的奖金

图 5-76　显示刘小辉的实发工资

单击 C3 单元格右侧的下拉按钮，从弹出的下拉菜单中选择其他员工名册选项，即可显示该员工的工资明细。

实验七　管理调查分析表

【实验目标】

- 掌握使用记录单管理表格数据的方法。
- 掌握对表格执行"分类汇总"的方法。
- 掌握筛选表格中数据的方法。

【实验内容】

(1) 使用记录单填写表格数据。

(2) 排序表格数据。

(3) 分类汇总数据。

(4) 筛选表格数据。

【实验步骤】

1. 使用记录单填写表格数据

按快捷组合键 Ctrl+N 创建一个空白工作簿，并在 Sheet1 工作表中输入图 5-77 所示的数据。单击快速访问工具栏右侧的【自定义快速访问工具栏】下拉按钮，从弹出的下拉列表中选择【其他命令】选项，如图 5-78 所示。

打开【Excel 选项】对话框，单击【从下列位置选择命令】下拉按钮，从弹出的列表中选择【不在功能区中的命令】选项，然后在该选项下的列表中选择【记录单...】选项，并单击【添加】按钮，将其添加至对话框右侧的列表中，如图 5-79 所示。

单击【确定】按钮，关闭【Excel 选项】对话框。选择 A2:G14 单元格区域，在快速访问工具栏中单击【记录单】按钮 。在打开的对话框中单击【条件】按钮，如图 5-80 所示。

图 5-77　输入表格数据　　　　　　　　　　图 5-78　自定义快速访问工具栏

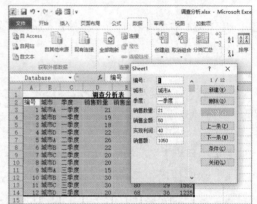

图 5-79　【Excel 选项】对话框　　　　　　　图 5-80　使用【记录单】功能

在【编号】文本框中输入 11，然后按 Enter 键，查找并显示相应的数据信息，如图 5-81 所示。

图 5-81　使用"记录单"查看表格中的数据

在记录单中单击【删除】按钮，在弹出的提示对话框中单击【确定】按钮，确认删除。单击【关闭】按钮，关闭记录单，记录删除效果，如图 5-82 所示。

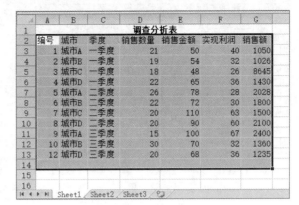

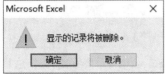

图 5-82　使用"记录单"删除表格中的数据

2. 排序表格数据

选中 A3 单元格，打开【数据】选项卡，在【排序和筛选】组中单击【降序】按钮，表格中的数据自动按降序排列，如图 5-83 所示。

3. 分类汇总数据

在【分级显示】组中单击【分类汇总】按钮，打开【分类汇总】对话框。在【分类字段】下拉列表框中选择【季度】选项，在【汇总方式】下拉列表框中选择【求和】选项，在【选定汇总项】列表框中选中【销售额】复选框，如图 5-84 所示。

图 5-83　降序排列数据　　　　　　　　图 5-84　【分类汇总】对话框

单击【确定】按钮，返回工作表区域即可查看分类汇总效果，如图 5-85 所示。

在【分级显示】组中单击【分类汇总】按钮，再次打开【分类汇总】对话框。在【分类字段】下拉列表框中选中【季度】选项，在【汇总方式】下拉列表框中选中【平均值】选项，在【选定汇总项】列表框中选中【销售额】复选框，然后取消对【替换当前分类汇总】复选框的选中，单击【确定】按钮，如图 5-86 所示。

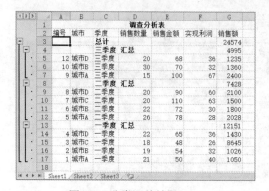

图 5-85　分类汇总效果　　　　　　　　　图 5-86　取消【替换当前分类汇总】复选框

返回工作表，嵌套分类汇总的效果，如图 5-87 所示。

4. 筛选表格数据

在【筛选和排序】组中单击【筛选】选项。单击【销售额】单元格旁的▼按钮，在弹出的下拉列表中选中【数字筛选】|【大于】选项，如图 5-88 所示。

图 5-87　嵌套分类汇总效果　　　　　　　　图 5-88　筛选数据

打开【自定义自动筛选方式】对话框，在【销售额】栏第一个下拉列表框后的文本框中输入 2000，然后单击【确定】按钮，如图 5-89 所示。

返回工作表即可查看自动筛选的结果，如图 5-90 所示。

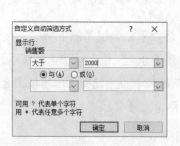

图 5-89　筛选大于 2000 的记录　　　　　　图 5-90　自动筛选结果

第二部分　综合实验

实验一　使用公式统计会员登记表

【实验目标】

使用 IF、MID、AND 和 MOD 函数统计"会员登记"表中的数据。

【实验内容】

(1) 创建"会员登记"表，并在其中输入数据。

(2) 使用 IF、MID 和 MOD 函数从会员身份证号中提取性别。

(3) 使用 IF 函数在会员姓氏后添加"先生"或"女士"。

(4) 使用 IF 和 AND 函数根据会员消费金额统计会员等级。

实验二　使用公式查询员工信息

【实验目标】

使用 VLOOKUP 函数和 CHOOSE 函数实现在员工信息表中从左向右查询数据。

【实验内容】

(1) 创建"员工信息查询"表，并在其中输入数据。

(2) 使用 VLOOKUP 和 CHOOSE 函数查询表格中的员工信息。

实验三　制作实验仪器使用统计表

【实验目标】

使用 Excel 2010 制作"实验仪器使用统计"表，设置表格页面格式并打印表格。

【实验内容】

(1) 合并表格单元格。

(2) 设置表格单元格格式。

(3) 为表格设置边框。

(4) 设置表格页面格式。

(5) 在"打印预览"中查看表格效果。

实验四　制作不良品统计表

【实验目标】

使用 Excel 2010 制作不良品统计表,并通过设置表格单元格格式、条件格式、填充颜色和页面布局美化表格效果。

【实验内容】

(1) 在工作表中设置单元格行高。

(2) 设置表格中单元格的格式。

(3) 设置单元格"条件格式"。

(4) 通过【绘图边框网格】功能绘制表格边框。

(5) 设置表格单元格填充颜色。

(6) 设置工作表的页面布局。

实验五　Word 和 Excel 数据共享

【实验目标】

在 Word 文档中插入 Excel 工作簿和图表,在 Excel 中插入 Word 文档。

【实验内容】

(1) 在 Word 文档中插入 Excel 表格。

(2) 在 Word 文档中插入 Excel 图表。

(3) 在 Excel 工作表中插入 Word 文档。

第6章　演示文稿软件PowerPoint 2010

实验一　制作"员工培训"课件

【实验目标】

- 掌握使用模板创建演示文稿的方法。
- 掌握演示文稿中幻灯片的基本操作。

【实验内容】

(1) 使用模板创建"员工培训"演示文稿。

(2) 删除演示文稿中的幻灯片。

(3) 调整幻灯片在演示文稿中的位置。

(4) 保存演示文稿。

【实验步骤】

1. 使用模板创建"员工培训"演示文稿

启动 PowerPoint 2010 应用程序，单击【文件】按钮，从弹出的【文件】菜单中选择【新建】命令，在【可用的模板和主题】列表框中选择【样本模板】选项，如图 6-1 所示。在打开的【样本模板】列表框中选择【培训】选项，单击【创建】按钮，如图 6-2 所示。即创建一个名为【演示文稿2】的演示文稿，并显示样式和文本效果，如图 6-3 所示。

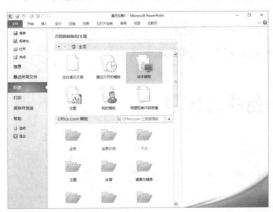

图 6-1　【新建】选项区域

图 6-2　选择模板

2. 删除演示文稿中的幻灯片

选中第 3~5 张幻灯片，右击鼠标，从弹出的快捷菜单中选择【删除幻灯片】命令，如图 6-4 所示。即可删除选中的幻灯片，后面的幻灯片将自动重新编号。

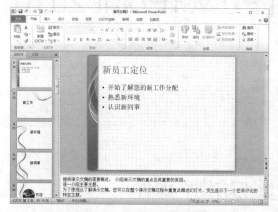

图 6-3　新建演示文稿　　　　　　　　　　　图 6-4　删除幻灯片

用同样的方法，删除演示文稿最后两张幻灯片。

3. 调整幻灯片在演示文稿中的位置

在幻灯片缩略图窗口中，选中第 10 张幻灯片，按住鼠标左键不放，将其移到第 5 张和第 6 张幻灯片之间。当第 5 张和第 6 张幻灯片之间出现一条横线时，释放鼠标左键，将其移动到目标位置，如图 6-5 所示。

图 6-5　移动幻灯片

4. 保存演示文稿

在快速访问工具栏中单击【保存】按钮，打开【另存为】对话框。选择保存路径，在【文件名】文本框中输入“员工培训”，单击【保存】按钮，保存演示文稿。

实验二　制作企业宣传稿

【实验目标】
- 掌握设置演示文稿幻灯片母版的方法。
- 掌握在演示文稿中使用图片、形状的方法。

- 掌握在演示文稿中使用文本框的方法。
- 掌握对齐演示文稿页面元素的方法。
- 掌握在演示文稿中设置超链接的方法。

【实验内容】

(1) 设置幻灯片母版。

(2) 使用图片。

(3) 使用形状。

(4) 使用文本框。

(5) 对齐页面元素。

(6) 设置超链接。

【实验步骤】

1. 设置幻灯片母版

启动 PowerPoint 2010 应用程序，按快捷组合键 Ctrl+N 新建一个空白演示文稿文档。按 F12 键打开【另存为】对话框，指定文件保存路径后，在【文件名】文本框中输入"宣传文稿"，然后单击【保存】按钮。

打开【开始】选项卡，在【幻灯片】组中单击【新建幻灯片】按钮，在弹出的下拉列表中选择【空白】选项，如图 6-6 所示，在演示文稿中插入一张空白幻灯片。在演示文稿中重复执行插入空白幻灯片操作 6 次。

图 6-6　在演示文稿中插入空白版式的幻灯片

1) 设置主题页

打开【视图】选项卡，在【母版视图】选项组中单击【幻灯片母版】选项，进入幻灯片母版视图。在版式预览窗格中选中幻灯片主题页，然后在版式编辑窗口中右击鼠标，在弹出的菜单中选择【设置背景格式】命令，如图 6-7 所示。

图 6-7　　设置主题页背景

　　打开【设置背景格式】对话框，在【颜色】下拉列表中选择任意一种颜色作为主题页的背景。幻灯片中所有的版式页都将应用相同的背景，如图 6-8 所示。

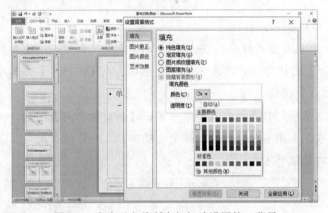

图 6-8　　为演示文稿所有幻灯片设置统一背景

2) 设置版式页

　　在母版视图左侧的版式列表中选中多余的标题版式后，右击鼠标，在弹出的菜单中选择【删除版式】命令，即可将其删除。

　　选中母版中的版式页后，按住鼠标拖动，调整(移动)版式页在母版中的位置。选中某个版式后，右击鼠标，在弹出的菜单中选择【插入版式】命令，可以在母版中插入一个图 6-9 所示的自定义版式。

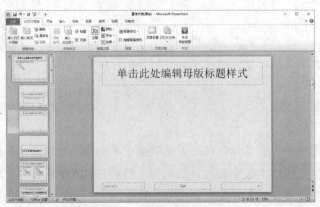

图 6-9　　创建自定义版式

选中某一个版式页，为其设置自定义的内容和背景后，该版式效果将独立存在母版中，不会影响其他版式。

3) 应用母版版式

选中图 6-9 创建的自定义版式，删除版式中多余的占位符，然后单击【插入】选项卡中的【图片】按钮，将准备好的图标插入在版式中合适的位置上，如图 6-10 所示。

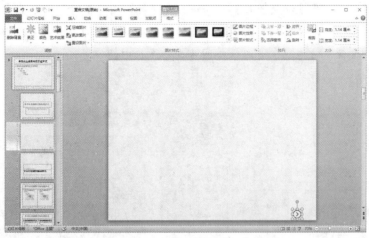

图 6-10　在【自定义】版式中添加图标

单击【幻灯片母版】选项卡中的【关闭母版视图】按钮，退出幻灯片母版。在幻灯片预览窗格中按住 Ctrl 键的同时选中多张幻灯片，然后右击鼠标，在弹出的菜单中选择【版式】|【自定义版式】选项，如图 6-11 所示。

图 6-11　将自定义版式应用于幻灯片

此时，被选中的多张幻灯片中将同时应用"自定义版式"，添加相同的图标。

4) 设置母版尺寸

打开【视图】选项卡，在【母版视图】选项组中单击【幻灯片母版】选项，进入幻灯片母版视图。在【幻灯片母版】选项卡的【页面设置】组中单击【页面设置】按钮，打开【页面设置】对话框后，单击【幻灯片大小】下拉按钮，从弹出的下拉列表中选择 16:9 选项，如

图 6-12 所示。单击【确定】按钮，将演示文稿母版尺寸设置为 16:9。单击【幻灯片母版】选项卡中的【关闭母版视图】按钮，退出幻灯片母版。

2. 使用图片

1) 插入图片

打开"宣传文稿"演示文稿后，在导航窗格中选中第 1 张幻灯片，单击【插入】选项卡中的【图片】按钮，打开【插入图片】对话框。在【插入图片】对话框中选中一个图片文件后单击【确定】按钮，即可在幻灯片中插入图片，如图 6-13 所示。将鼠标指针放置在幻灯片中的图片上，按住左键拖动，可以调整图片在幻灯片中的位置。

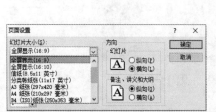

图 6-12　【页面设置】对话框　　　　图 6-13　在幻灯片中插入图片

2) 剪裁图片

选中演示文稿第 1 张幻灯片中的图片，打开【格式】选项卡，在【大小】组中单击【裁剪】按钮，在图片四周显示裁剪框。拖动裁剪框，确定图片的裁剪范围，如图 6-14 所示。

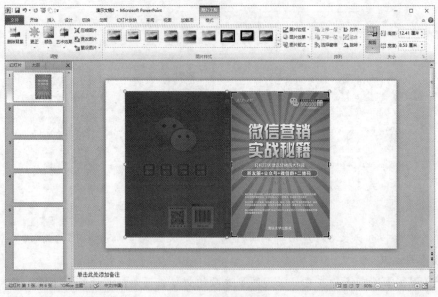

图 6-14　调整裁剪框

在编辑窗口中单击图片以外的任意位置，完成对图片的裁剪，如图 6-15 所示。

3) 删除图片背景

在"宣传文稿"演示文稿中插入一个图片，打开【格式】选项卡，在【调整】组中单击【删除背景】按钮，显示【背景消除】选项卡，进入图片背景删除模式，如图 6-16 所示。

图 6-15　图片裁剪效果

调整背景删除框，确定图片中需要保留的区域，单击【背景消除】选项卡中的【标记要保留的区域】按钮，然后单击图片中需要保留的区域，如图 6-17 左图所示。

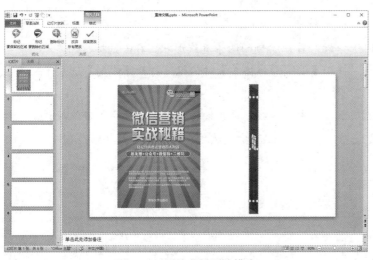

图 6-16　图片背景删除模式　　　　　　　图 6-17　标记要保留的区域

单击【背景消除】选项卡中的【保留更改】按钮，即可完成图片背景删除操作，如图 6-17 右图所示。

3. 使用形状

1) 插入形状

打开【插入】选项卡，单击【插图】组中的【形状】下拉按钮，从弹出的列表中选择【直线】选项，如图 6-18 所示。按住鼠标左键在编辑窗口中拖动，同时按住 Shift 键绘制一个直线形状，如图 6-19 所示。

　　重复上一步骤的操作，单击【形状】下拉按钮，从弹出的列表中选择【直线】选项，绘制如图 6-20 所示的直线。

图 6-18　【形状】下拉列表　　　　　　　　　　图 6-19　绘制直线形状

图 6-20　绘制第二条直线

2) 设置形状格式

　　在按住 Ctrl 键的同时选中幻灯片中绘制的两条直线形状，右击鼠标，在弹出的菜单中选择【设置形状格式】命令，打开【设置形状格式】对话框。打开【线型】选项卡，设置【宽度】为【1.5 磅】，如图 6-21 所示。

　　打开【线条颜色】选项卡，选中【实线】单选按钮，单击【颜色】下拉按钮，从弹出的下拉列表中选择【绿色】选项，如图 6-22 所示，然后单击【关闭】按钮。

图 6-21　设置形状线型宽度　　　　　　　　　图 6-22　设置形状线条颜色

4. 使用文本框

　　打开【插入】选项卡，在【文本】组中单击【文本框】下拉按钮，从弹出的下拉列表中选择【横排文本框】选项，在幻灯片中绘制一个横排文本框，并在文本框中输入图 6-23 所示的文本。

选中文本框，在【开始】选项卡中，将文本框中的文本字体设置为【方正粗宋简体】，将【字号】设置为 28，然后单击【开始】选项卡【字体】组右下角的对话框启动器 按钮，打开【字体】对话框的【字符间距】选项卡，在【度量值】数值框中输入 2.8，然后单击【确定】按钮，如图 6-24 所示。

图 6-23 创建文本框

图 6-24 【字体】对话框

此时，文本框中字符的间距如图 6-25 所示。

单击【插入】选项卡中的【文本框】按钮，在幻灯片中插入一个文本框，并在其中输入文本。选中需要设置行间距的文本框，单击【段落】组中的对话框启动器 按钮，打开【段落】对话框，将【行距】设置为【固定值】，【设置值】为【28 磅】，单击【确定】按钮，如图 6-26 所示。

图 6-25 字符间距设置效果

图 6-26 设置【段落】对话框

此时，文本框中文本的行距效果如图 6-27 所示。

图 6-27 文本行距设置效果

5. 对齐页面元素

1) 使用智能网格线

在"宣传文稿"演示文稿第 2 张幻灯片中插入图 6-28 所示的两张图片，打开【视图】选项卡，单击【显示】组中的对话框启动器按钮 ⌐。

图 6-28　在幻灯片中插入图片

打开【网格和参考线】对话框，选中【形状对齐时显示智能向导】复选框，然后单击【确定】按钮，如图 6-29 所示。

选中一张图片，按住鼠标左键拖动，使其与另一张图片对齐，当拖动图片与目标图片的对齐点接近时，将显示智能网格线，此时释放鼠标即可使两张图片对齐，如图 6-30 所示。

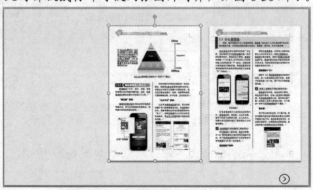

图 6-29　【网格和参考线】对话框　　　图 6-30　使用智能网格线对齐两张图片

在幻灯片中插入多个文本框，在每个文本框中分别输入不同的文本，并在【开始】选项卡中设置文本框中文本的字体、字号和颜色，如图 6-31 所示。

拖动幻灯片中的文本框，使用智能网络线将其一一对齐，如图 6-32 所示。

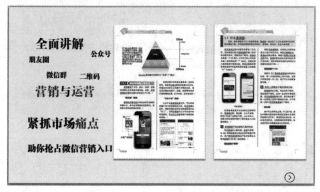

图 6-31　在幻灯片中插入文本框

图 6-32　使用智能网格线对齐文本框

2) 使用参考线

选中"宣传文稿"演示文稿的第 2 张幻灯片，然后按快捷组合键 Alt+F9 显示图 6-33 所示的参考线。将鼠标指针放置在页面中的参考线上，然后按住鼠标左键拖动，调整参考线在页面中的位置，如图 6-34 所示。

图 6-33　显示参考线

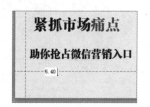

图 6-34　调整参考线的位置

在按住 Ctrl 键的同时拖动页面中的参考线，复制参考线，如图 6-35 所示。

调整复制后的参考线位置，使用参考线规划出页面中各元素的位置，然后选中演示文稿中的第 4 张幻灯片，如图 6-36 所示。

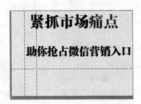

图 6-35　复制参考线

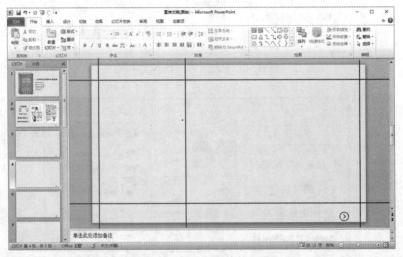

图 6-36　调整参考线的位置

此时，可利用参考线对齐在幻灯片中插入的图片、文本框等元素，如图 6-37 所示。

图 6-37　利用参考线对齐演示文稿页面元素

3) 对齐所选对象

选中"宣传演示"演示文稿第 3 张幻灯片，然后先选中演示文稿页面中作为对齐参考目标的对象，再按住 Ctrl 键选中需要对齐的元素，在【格式】选项卡中单击【排列】组的【对齐】下拉按钮，从弹出的列表中选择【对齐所选对象】选项，如图 6-38 所示。

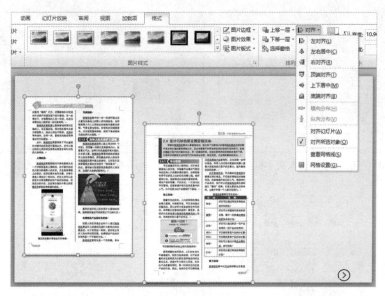

图 6-38　设置对齐所选对象

再次单击【对齐】下拉按钮，从弹出的下拉列表中选择【顶端对齐】选项，即可将后选中的图片根据先选中的图片顶端对齐，如图 6-39 所示。

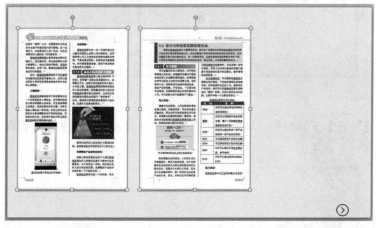

图 6-39　设置顶端对齐

4) 发布对齐对象

在"宣传文稿"演示文稿的第 2 张幻灯片中创建 4 个文本框，分别在其中输入不同的文本，如图 6-40 所示。按住 Ctrl 键，依次选中幻灯片中所有的文本框，选择【格式】选项卡，单击【排列】组中的【对齐】下拉按钮，在弹出的列表中选择【纵向分布】和【右对齐】选项，即可将页面中的文本框纵向分布靠右对齐，如图 6-41 所示。

在"宣传文稿"演示文稿中选中第 5 张幻灯片，然后按住 Ctrl 键依次选中插入的图片。打开【格式】选项卡，在【排列】组中单击【对齐】下拉按钮，从弹出的列表中选择【对齐幻灯片】选项和【上下居中】选项，如图 6-42 所示。

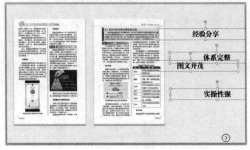
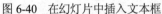

图 6-40　在幻灯片中插入文本框

图 6-41　纵向分布对齐文本框

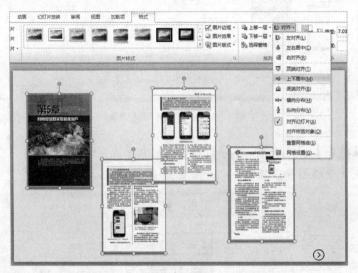

图 6-42　设置对齐幻灯片上下居中

再次单击【对齐】下拉按钮,从弹出的列表中选择【横向分布】选项,即可得到图 6-43 所示的横向分布对齐效果。

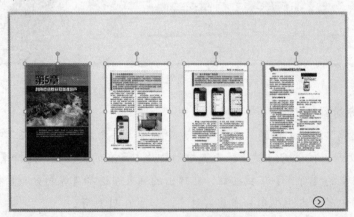

图 6-43　横向分布对齐效果

6. 设置超链接

打开【视图】选项卡,在【母版视图】选项组中单击【幻灯片母版】选项,进入幻灯片母版视图,选中自定义版式中插入的图标。右击图标,从弹出的菜单中选择【超链接】命令,如图 6-44 所示。

打开【插入超链接】对话框，在【链接到】列表中选中【本文档中的位置】选项，在【请选择文档中的位置】列表中选择【幻灯片 1】，单击【确定】按钮，如图 6-45 所示。

图 6-44　为图标设置超链接

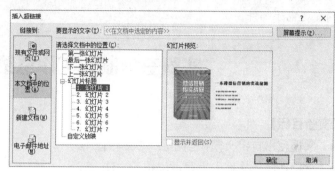

图 6-45　【插入超链接】对话框

单击【幻灯片母版】选项卡中的【关闭母版视图】按钮，关闭幻灯片母版，然后在预览窗格中选中第 7 张幻灯片。

打开【插入】选项卡，单击【图像】组中的【图片】按钮，在幻灯片中插入一张图片，如图 6-46 所示。右击幻灯片中插入的图片，在弹出的菜单中选择【超链接】命令，打开【插入超链接】对话框，在【链接到】列表中选中【电子邮件地址】选项，在【电子邮件地址】文本框中输入收件人的邮箱地址，在【主题】文本框中输入邮件主题，单击【确定】按钮，如图 6-47 所示。

图 6-46　幻灯片中插入的图片

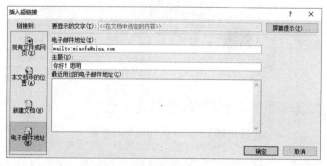

图 6-47　设置邮件地址和主题

按 F5 键播放 PPT,单击页面中设置了超链接的图片将打开邮件编写软件,自动填入邮件的收件人地址和主题,用户撰写邮件内容后,单击【发送】按钮即可向 PPT 中设置的收件人邮箱发送电子邮件。

实验三　　制作工作总结

【实验目标】

- 掌握使用自定义模板创建演示文稿的方法。
- 掌握在演示文稿中设置占位符的方法。
- 掌握在演示文稿中设置音频、视频的方法。
- 掌握在演示文稿中设置动作按钮的方法。
- 掌握设置隐藏幻灯片的方法。

【实验内容】

(1) 使用自定义模板。

(2) 使用占位符。

(3) 使用动作按钮。

(4) 使用音频。

(5) 使用视频。

(6) 设置隐藏幻灯片。

【实验步骤】

1. 使用自定义模板

通过网络下载一个演示文稿模板,双击模板文件将其用 PowerPoint 打开,按 F12 键,打开【另存为】对话框。单击【保存类型】下拉按钮,设置文件的保存类型为【PowerPoint 模板】选项,然后单击【保存】按钮将演示文稿保存为模板,如图 6-48 所示。

图 6-48　将演示文稿保存为模板

打开【文件】选项卡,在弹出的菜单中选择【新建】选项,在显示的选项区域中选择【我的模板】选项,如图 6-49 所示。打开【新建演示文稿】对话框,在对话框中的列表中选择一个模板后，单击【确定】按钮即可使用自定义模板创建演示文稿，如图 6-50 所示。

图 6-49　使用自定义模板新建 PPT　　　　　　　图 6-50　【新建演示文稿】对话框

2. 使用占位符

1) 插入占位符

按 F12 键，打开【另存为】对话框，将创建的演示文稿以"工作总结"为名称保存。打开【视图】选项卡，在【母版视图】组中单击【幻灯片母版】选项，进入幻灯片母版视图，在窗口左侧的幻灯片列表中选中一个标题幻灯片(空白版式)。

打开【幻灯片母版】选项卡，在【母版版式】组中单击【插入占位符】按钮，在弹出的列表中选择【图片】选项。按住鼠标左键，在幻灯片中绘制一个图片占位符，在【关闭】组中单击【关闭母版视图】选项，如图 6-51 所示。

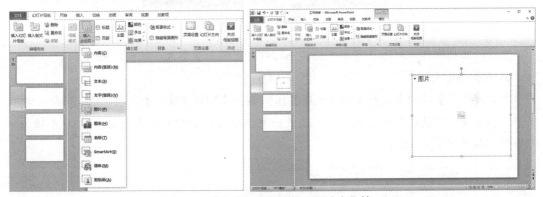

图 6-51　在标题幻灯片中插入图片占位符

在 PowerPoint 预览窗格中选中第 3 张幻灯片，打开【插入】选项卡，在【幻灯片】组中单击【版式】按钮，在弹出的列表中选择设置了图片占位符的标题幻灯片，在幻灯片中插入图 6-52 所示的图片占位符。单击图片占位符中的【图片】按钮，在打开的【插入图片】对话框中选择一个图片文件，然后单击【插入】按钮，即可在第 3 张幻灯片中的占位符中插入一张图片，如图 6-53 所示。

图 6-52　幻灯片中的图片占位符

图 6-53　使用占位符插入图片

重复以上的操作，即可在演示文稿其他幻灯片中插入多张大小统一的图片。

2) 应用占位符

打开【视图】选项卡，在【母版视图】组中单击【幻灯片母版】选项，进入幻灯片母版视图。在窗口左侧的幻灯片预览窗口中选中一个标题幻灯片(空白版式)，在幻灯片中插入一张如图 6-54 所示的样机图片。

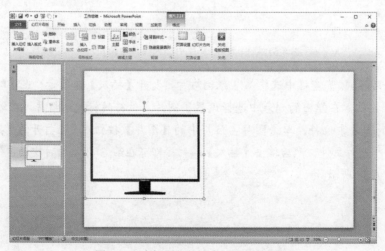

图 6-54　在标题幻灯片中插入样机图片

打开【幻灯片母版】选项卡，在【母版版式】组中单击【插入占位符】选项，在弹出的列表
中选择【媒体】选项，在幻灯片中的样机图片的屏幕位置绘制一个媒体占位符，如图 6-55 所示。

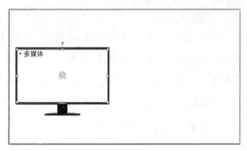

图 6-55　绘制媒体占位符

在【幻灯片母版】选项卡中单击【关闭母版视图】按钮，关闭母版视图。在导航窗格中
选中第 4 张幻灯片，删除其中多余的内容，如图 6-56 所示。

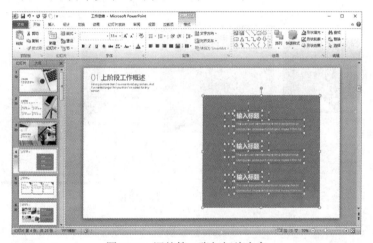

图 6-56　调整第 4 张幻灯片内容

打开【开始】选项卡，在【幻灯片】组中单击【版式】下拉按钮，从弹出的列表中选择
上面操作中设置的标题幻灯片，将其应用于第 4 张幻灯片中，如图 6-57 所示。

图 6-57　在幻灯片中应用版式

单击幻灯片中占位符内的【插入视频文件】按钮，在打开的对话框中选择一个视频文件，然后单击【插入】按钮，即可在幻灯片中创建样机演示图效果。

3. 使用动作按钮

选中 PPT 中一个合适的幻灯片后，打开【插入】选项卡，在【插图】组中单击【形状】下拉按钮，从弹出的下拉列表中选择【动作按钮】栏中的一种动作按钮(例如"前进或下一项")。按住鼠标指针，在 PPT 页面中绘制一个大小合适的动作按钮。打开【操作设置】对话框，单击【超链接到】下拉按钮，从弹出的下拉列表中选择一个动作(本例选择"下一张幻灯片"动作)，然后单击【确定】按钮，如图 6-58 所示。

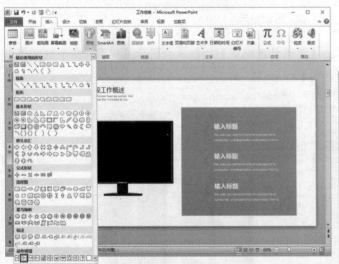

图 6-58　在幻灯片中插入动作按钮

此时，在页面中添加一个执行"前进或下一项"动作的按钮。保持【动作按钮】的选中状态，打开【格式】选项卡，在【大小】组中记录该动作按钮的高度和宽度值，如图 6-59 所示。

重复以上操作，再在页面中添加一个执行"后退或前一项"动作的按钮，并通过【格式】选项卡的【大小】组设置该动作按钮的高度和宽度，使其与图 6-59 所示的值保持一致。

按 F5 键预览网页，单击页面中的【前进】按钮将跳过页面动画直接放映下一张幻灯片，单击【后退】按钮则会返回上一张幻灯片，如图 6-60 所示。

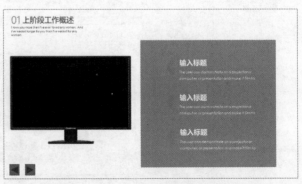

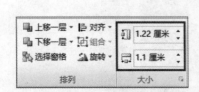

图 6-59　设置动作按钮大小　　　　　图 6-60　播放 PPT 时页面中的动作按钮

按住 Ctrl 键，同时选中【前进】和【后退】按钮，打开【格式】选项卡，单击【形状样

式】组右侧的【其他】按钮 ⚏。从弹出的列表中，用户可以选择一种样式，将其应用于动作
按钮之上。

4. 使用音频

打开【插入】选项卡，在【媒体】组中单击【音频】按钮，在弹出的列表中选择【文件
中的音频】选项。在打开的【插入音频】对话框中，用户可以将计算机中保存的音频文件，
直接插入演示文稿中，如图 6-61 所示。

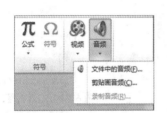

图 6-61　在演示文稿中插入音频

5. 使用视频

打开【插入】选项卡，在【媒体】组中单击【视频】按钮下方的箭头，在弹出的下拉列
表中选择【文件中的视频】选项。打开【插入视频文件】对话框，选中一个视频文件后，单
击【插入】按钮，即可在 PPT 中插入一个视频。拖动视频四周的控制点，调整视频大小；将
鼠标指针放置在视频上按住左键拖动，调整视频的位置，使其和 PPT 中的其他元素的位置相
互协调，如图 6-62 所示。

图 6-62　在演示文稿中插入视频

6. 隐藏幻灯片

在 PowerPoint 中，用户可以通过在幻灯片预览窗格中右击幻灯片预览，在弹出的菜单中
选择【隐藏幻灯片】命令，将选中的幻灯片隐藏，如图 6-63 所示。被隐藏的幻灯片不会在放
映时显示，但会出现在 PowerPoint 的编辑界面中。在幻灯片预览窗格中，隐藏状态中幻灯片

的预览编号上将显示如 6-64 所示的 "\" 符号。

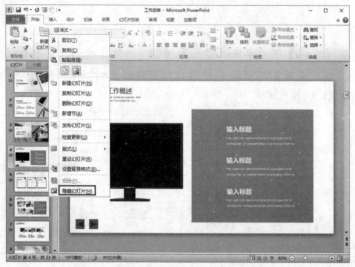

图 6-63　隐藏幻灯片　　　　　　　　　　　　　　图 6-64　幻灯片隐藏效果

实验四　制作演示文稿拉幕动画

【实验目标】

● 掌握设置幻灯片对象动画的方法。

● 掌握设置对象动画效果的方法。

【实验内容】

(1) 创建幻灯片对象动画。

(2) 设置对象动画效果。

【实验步骤】

1. 创建幻灯片对象动画

按快捷组合键 Ctrl+N 新建一个空白演示文稿，输入文本内容。打开【插入】选项卡，在【插图】组中单击【形状】按钮，在弹出的列表中选择【矩形】选项，在幻灯片中绘制一个矩形图形，遮挡住一部分内容，如图 6-65 所示。

在【格式】选项卡的【形状样式】组中单击【形状填充】按钮，在弹出的列表中选择【白色】色块。在【形状样式】组中单击【形状轮廓】按钮，在弹出的列表中选择【黑色】色块。打开【动画】选项卡，在【高级动画】组中单击【添加动画】按钮，在弹出的列表中选择【更多退出效果】选项，打开【添加退出效果】对话框，选中【切出】选项，然后单击【确定】按钮，如图 6-66 所示。

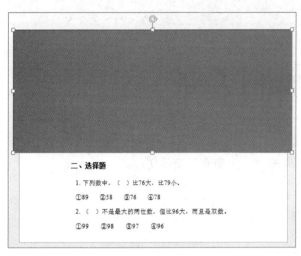

图 6-65　绘制形状　　　　　　　　　　　图 6-66　【添加退出效果】对话框

2. 设置对象动画效果

选中幻灯片中的矩形图形，按快捷组合键 Ctrl+D 复制图形，然后拖动鼠标将复制后的图形移至图 6-67 所示的位置。在【动画】选项卡【高级动画】组中单击【动画窗格】按钮，打开【动画窗格】窗格。

在【动画窗格】窗格中按住 Ctrl 键的同时，选中 2 个动画，右击鼠标，在弹出的菜单中选择【计时】选项。打开【切出】对话框，单击【开始】下拉按钮，在弹出的列表中选择【单击时】选项，单击【期间】下拉按钮，在弹出的列表中选择【非常慢(5 秒)】选项，然后单击【确定】按钮，如图 6-68 所示。

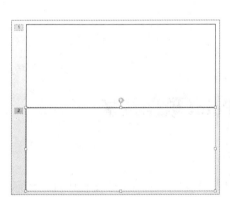

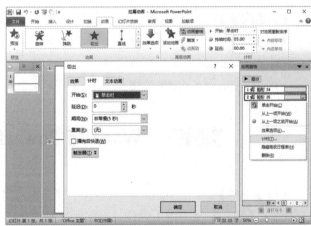

图 6-67　复制矩形　　　　　　　　　　图 6-68　设置【切出】对话框

完成以上设置后，按 F5 键放映 PPT，观看动画效果。

第二部分　综合实验

实验一　制作个人简介

【实验目标】

使用 PowerPoint 2010 制作一个用于求职的"个人简介"演示文稿。

【实验内容】

(1) 使用模板创建"幼儿英语教学"演示文稿。

(2) 在幻灯片中插入计算机中存储的图片。

(3) 在幻灯片中插入 PowerPoint 内置图形。

(4) 在幻灯片中插入并设置艺术字。

(5) 在【格式】选项卡中设置幻灯片中图片的样式。

(6) 在幻灯片中插入文本框并输入文本。

实验二　制作程序流程图

【实验目标】

使用 PowerPoint 2010 中的 SmartArt 图形制作一个程序流程图。

【实验内容】

(1) 在幻灯片中插入 SmartArt 图形。

(2) 在 SmartArt 图形中插入形状。

(3) 设置 SmartArt 图形的样式。

实验三　Word 与 PowerPoint 数据共享

【实验目标】

通过【插入】|【对象】操作，在演示文稿中插入 Word 文档，在 Word 文档中插入演示文稿，实现 Word 与 PowerPoint 数据共享。

【实验内容】

(1) 在演示文稿中插入 Word 文档。

(2) 在 Word 文档中插入演示文稿。

实验四　Excel 与 PowerPoint 数据共享

【实验目标】

在演示文稿中插入 Excel 图表，在 Excel 中插入演示文稿，实现 Excel 与 PowerPoint 数据共享。

【实验内容】

(1) 在演示文稿中插入 Excel 图表。

(2) 在 Excel 中插入演示文稿。

第7章 程序设计基础

实验一 认识 Visual Basic 6.0

【实验目标】

- 掌握 Visual Basic 6.0 的安装方法。
- 熟悉 Visual Basic 6.0 的集成开发环境。
- 学会使用 Visual Basic 6.0 创建一个简单 VB 程序。

【实验内容】

(1) VB 6.0 的运行环境。

(2) 安装 VB 6.0+SP6。

(3) 认识 VB 6.0 集成开发环境。

(4) 创建一个简单 VB 程序。

【实验步骤】

1. VB 6.0 的运行环境

1) 硬件要求

在安装 VB 6.0 时，应注意计算机硬盘的剩余空间。下面列出了安装 VB 6.0 时所需的硬件需求：

- 90MHz 或更高的微处理器。
- VGA(640×480)以上的监视器。
- 鼠标或其他定点设备(如指令杆、滚动球)。
- CD-ROM 或 DVD-ROM 驱动器。
- 32MB 以上内存。
- 学习版典型安装 48MB，完全安装 80MB；专业版典型安装 48MB，完全安装 80MB；企业版典型安装 128MB，完全安装 147MB。

2) 软件要求

VB 6.0 可以在多个操作系统下运行，如 Windows 98/2000/2003/XP/7/10 等。

VB 6.0 需要在 Windows 95(或更高版本的操作系统)、Windows NT 3.51(或更高版本的操作系统)上安装。

2. 安装 VB 6.0+SP6

1) 安装 VB 6.0

将 VB 6.0 安装光盘放入光驱，系统会自动执行安装程序。如果不能安装，可以双击安装光盘中的 SETUP.EXE 文件，执行安装程序。程序在安装时，将首先打开图 7-1 所示的安装向导。

SETUP.EXE

图 7-1　打开 Visual Basic 6.0 安装向导

在程序安装向导中单击【下一步】按钮，打开【最终用户许可协议】对话框，选中【接受协议】单选按钮，单击【下一步】按钮，如图 7-2 所示。在打开的对话框中填写产品号和用户 ID、姓名与公司名称。

单击【下一步】按钮，在打开的对话框中选中【安装 Visual Basic 6.0 中文企业版】单选按钮，如图 7-3 所示，单击【下一步】按钮。

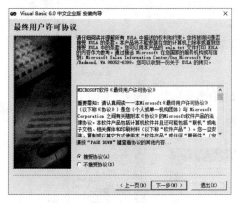

图 7-2　最终用户许可协议

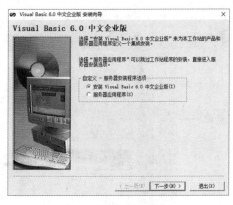

图 7-3　选择安装程序

打开【选择公用安装文件夹】对话框，如图 7-4 所示，单击【下一步】按钮，在打开的对话框中单击【典型安装】按钮，系统将自动安装一些常用的组件；如果选择【自定义安装】，用户可以根据自己的需求有选择地安装组件，如图 7-5 所示。

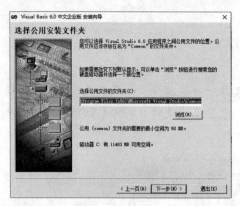

　　图 7-4　选择公用安装文件夹　　　　　　　　　　　图 7-5　选择安装程序

　　此后，根据程序安装向导的提示完成 VB 6.0 的安装。

2) 安装 VB 6.0 的 SP6 补丁

　　为了使安装的 VB 6.0 更加完整和全面，在安装完 VB 6.0 后，还需要安装补丁程序 SP6。SP6 补丁程序可以在微软公司的网站上自行下载，下载后为一个可执行文件，双击该文件即可安装。

3. 认识 VB 6.0 集成开发环境

　　在计算机中成功安装 VB 6.0 后，运行该软件即可进入 VB 6.0 集成开发环境。所谓集成开发环境就是一个集设计、运行和测试应用程序为一体的环境。它由菜单栏、工具栏、工具箱、工程资源管理器、【属性】窗口、【窗体布局】窗口、窗体设计器以及代码编辑器组成，如图 7-6 所示。

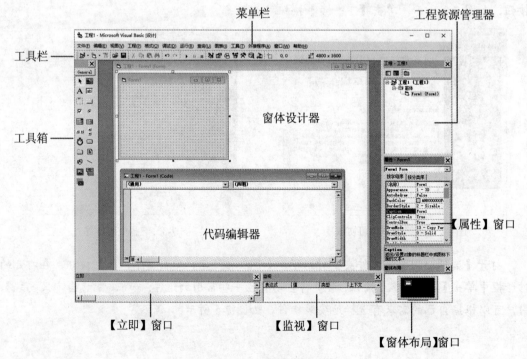

图 7-6　VB 6.0 集成开发环境

1) 菜单栏

菜单栏显示了所有可用的 VB 命令，不仅包括文件、编辑、帮助等常见标准菜单项，而且包括 VB 的专用编程菜单项，如工程、调试及运行等。用鼠标单击或按快捷组合键 Alt+菜单项对应的字母键(即访问键)即可打开其下拉菜单。

- 【文件】菜单。【文件】菜单主要用于创建、打开、保存文件对象和编译应用程序。通过该菜单，用户还可以设置打印机信息、打印文件或退出 VB。
- 【编辑】菜单。【编辑】菜单中包含在窗体设计时或代码编写时使用的各种编辑命令，实现了标准剪贴板的操作，如【剪切】、【复制】、【粘贴】等，还有类似 Word 的【查找】、【替换】等操作。
- 【工程】菜单。【工程】菜单是用户操作工程的核心，利用该菜单可以设置工程属性，为工具箱添加部件，引用对象，为工程添加窗体等。
- 【格式】菜单。【格式】菜单主要用于处理控件在窗体中的位置，包括在设计控件时需要使用的各种命令，如【对齐】、【统一尺寸】、【调整间距】等。
- 【调试】菜单。【调试】菜单中包含程序调试时所需要的各种命令，如【逐语句】、【逐过程】、【切换断点】等。
- 【运行】菜单。【运行】菜单中包含用于启动、终止程序执行的命令，如【启动】、【全编译执行】、【终端】、【结束】、【重新启动】等。
- 【查询】菜单。【查询】菜单中包含设计查询或 SQL 语句的命令，如【运行】、【清除结果】、【验证 SQL 语法】等。
- 【图表】菜单。【图表】菜单中包含操作 VB 工程时的图表处理命令。
- 【工具】菜单。【工具】菜单主要用于添加过程并设置过程的属性，还能打开菜单编辑器。通过【工具】菜单下的【选项】命令，用户可以定制自己的集成开发环境。
- 【外接程序】菜单。【外接程序】菜单中包含可以增删的外接程序；利用其中的【可视化数据管理器】命令，用户可以添加、删除外接程序。
- 【窗口】菜单。【窗口】菜单为用户提供了在集成开发环境中摆放窗口的方式。其中，最重要的是在菜单底部的窗口清单，它可以帮助用户快速地激活某个已打开的窗口。
- 【帮助】菜单。【帮助】菜单中包含用于打开 VB 6.0 帮助系统的命令。

2) 工具栏

和大多数 Windows 应用程序一样，VB 6.0 也将菜单中的常用功能放置到工具栏中，用户通过这些工具栏可以快速访问菜单中的常用命令。

工具栏是一种图形化的操作界面，与菜单栏一样也是开发环境的重要组成部分。工具栏中列出了在开发过程中经常使用的一些功能，具有直观和快捷的特点，熟练使用这些工具按钮将大大提高工作效率。

在 VB 开发环境中包括 4 个工具栏，但并非全部显示在开发环境中。在工具栏上任意位置右击鼠标，从弹出的菜单中选择要显示或隐藏的工具栏，即可根据实际需要添加或删除工具栏，也可以选择【自定义】命令，自定义设置工具栏按钮，如图 7-7 所示。

VB 6.0 所包含的工具栏有【标准】工具栏、【编辑】工具栏、【窗体编辑器】工具栏和【调试】工具栏，如图 7-8 所示。

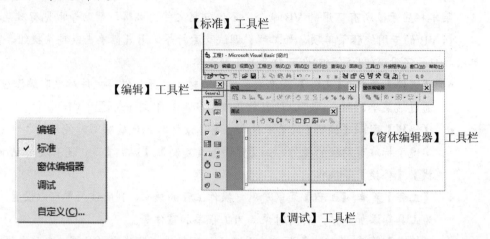

图 7-7　添加工具栏的快捷菜单　　　　　　　　　图 7-8　工具栏

- 【标准】工具栏。【标准】工具栏提供了 VB 程序开发中用到的大部分命令按钮，如【添加标准工程】、【添加窗体】【菜单编辑器】等。
- 【编辑】工具栏。【编辑】工具栏提供了在进行编辑时所使用的命令按钮。
- 【窗体编辑器】工具栏。【窗体编辑器】工具栏提供了对窗体上的控件进行操作时所需要的各种命令按钮。
- 【调整】工具栏。【调试】工具栏提供在进行程序调试时所需要使用的命令按钮。

3) 工具箱

工具箱由工具图标组成，用于提供创建应用程序界面所需要的基本要素——控件。默认情况下，工具箱位于集成开发环境中窗体的左侧。

工具箱中的控件可以分为两类：一类是内部空间或者称为标准控件；另一类为 ActiveX 控件，需要手动添加到应用程序中。如果没有手动添加，则默认情况下标准 EXE 工程中只显示内部控件。

- 添加 ActiveX 控件。在工具箱上右击鼠标，从弹出的菜单中选择【部件】命令，打开【部件】对话框。在【控件】选项卡中选择需要添加的控件项，例如添加 ADO 控件，可以选中【Microsoft ADO Data Control 6.0(OLEDB)】复选框。如果在控件列表中没有所需要的控件，则可以通过单击【浏览】按钮，在打开的对话框中将所需要的控件添加到控件列表。选择完毕后，单击【确定】按钮，即可将 ADO 控件添加到工具箱中，如图 7-9 所示。
- 添加选项卡。当添加的 ActiveX 控件过多时，都存放在一起不便于查找。这时可以在工具箱中添加一个选项卡，将控件分门别类地组织存放，从而方便查找和使用。添加选项卡具体的方法是：在工具箱上右击鼠标，从弹出的菜单中选择【添加选项卡】命令，在打开的对话框中输入要创建的选项卡名称，然后单击【确定】按钮即可，如图 7-10 所示。

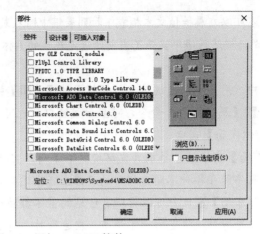

图 7-9　添加 ActiveX 控件

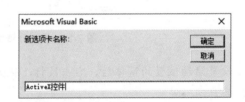

图 7-10　添加选项卡

4) 工程资源管理器

工程资源管理器窗口中列出了当前应用程序中所使用的工程组、窗体、模块、类模块、环境设计器及报表设计器等资源。在工程中，用户可以通过单击标题栏中的【关闭】按钮 ⊠ 将其关闭；通过选择【视图】|【工程资源管理器】命令，将其显示出来；也可以通过按快捷组合键 Ctrl+R 来实现。

在工程资源管理器中，被括号括起来的工程、窗体、程序模块等都是保存的文件名，括号的前面是工程中的名称，它对应 Name 属性，也就是在代码中使用的名称。一般情况下，此名称与存盘的名称是一致的。

5) 【属性】窗口

在 VB 中，窗体和控件被称为对象，每个对象的特征都是通过属性来描述的。这些属性可以在代码中设置，也可以在【属性】窗口中进行设置。在【属性】窗口中进行属性设置是比较直观的一种方法。

【属性】窗口用于显示或设置已选择的对象(如窗体、控件、类等)的各种属性名和属性值。用户可以通过设置"按字母排序"或"按分类排序"选项卡，来设置属性窗口中属性的排序方式。用户还可以在属性值文本框或下拉列表框中输入或选择属性的值，进行修改或设置。在属性窗口的属性描述区域中显示了当前所选定属性的具体意义，用户可以从中快速地了解属性意义。

在工程中，用户可以通过单击标题栏上的【关闭】按钮■，将【属性】窗口关闭；通过选择【视图】|【属性窗口】命令，可显示该窗口；也可以通过按 F4 键来实现。

6) 【窗体布局】窗口

【窗体布局】窗口位于集成开发环境的右下角，主要用于指定程序运行时的初始位置，使所开发的程序能在各种不同分辨率的屏幕上正常运行，常用于多窗体的应用程序。

在【窗体布局】窗口中可以将所有可见的窗体都显示出来。当用户将鼠标指针放置在某个窗体上时，光标形状将变为十字状态。在运行时，通过按住鼠标左键拖动可以将窗体定位在指定的位置。

在【窗体布局】窗口中右击鼠标，从弹出菜单中选择【分辨率向导】命令，可以设置不同的分辨率，如图 7-11 所示。

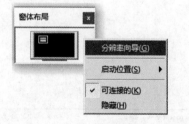

图 7-11 使用分辨率向导

选中要设置启动位置的窗体后，右击鼠标，从弹出的菜单中选择【启动位置】命令，可以设置窗体的启动位置。

7) 窗体设计器

窗体是应用程序最主要的组成部分。每个窗体模块都包含事件过程，即代码部分，其中有为响应特定事件而执行的指令。窗体可包含控件。在窗体模块中，窗体上的每一个控件都有一个对应的事件过程集。除了事件过程，窗体模块还可以包含通用过程，它对来自任何事件过程的调用都做出响应。

8) 代码编辑窗口

代码编辑窗口也就是代码编辑器，用于输入应用程序的代码。工程中的每个窗体或代码模块都有一个代码编辑窗口，代码编辑窗口一般和窗体是一一对应的。标准模块或类模块只有代码编辑窗口，没有窗体部分。

在工程中可以通过以下几种方法之一进入到代码编辑区域中。

- 在窗体上的任意位置双击鼠标。
- 在窗体上右击鼠标，在弹出的快捷菜单中选择【查看代码】命令。
- 在工程资源管理器中单击【查看代码】按钮。
- 选择【视图】|【代码窗口】命令。

4. 创建一个简单 VB 程序

1) 创建工程文件

选择【文件】|【新建工程】命令，打开【新建工程】对话框。选择【标准 EXE】选项，
单击【确定】按钮，如图 7-12 所示。

2) 设计界面

在创建工程后，系统会自动创建一个新窗体，并将其命名为 Form1。在该窗体上添加一
个 Label 控件、两个 CommandButton 控件，如图 7-13 所示。

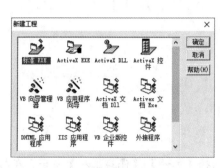

图 7-12　【新建工程】对话框

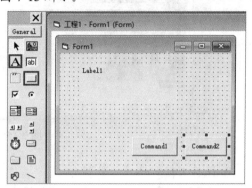

图 7-13　设计窗体界面

3) 编写代码

窗体界面设计完成后，单击工程资源管理器中的【查看代码】按钮，进入到代码编辑
器中，如图 7-14 所示。

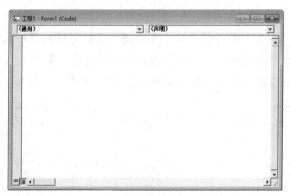

图 7-14　通过工程资源管理器进入代码编辑器

在代码编辑器区域中编辑以下代码:

```
Private Sub Command1_Click()
        Label1.Caption = "Hello VB"
End Sub
Private Sub Command2_Click()
End Sub
Private Sub Form_Load()
        Me.Caption = "第一个 VB 应用程序"Label1.Font = "宋体"Label1.FontSize = 32Label1.FontBold =
        TrueCommand1.Caption = "确定"Command2.Caption = "退出"
End Sub
```

4) 调试代码

完成程序编写后，按 F5 键即可成功运行，如图 7-15 所示。

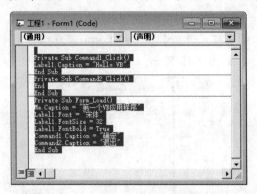

图 7-15 运行结果

5) 保存工程

在程序调试运行成功后，可以将其保存起来。选择【文件】|【保存工程】命令，在打开的【文件另存为】对话框中选择工程的保存路径，然后单击【保存】按钮，即可一次保存扩展名为.frm 的窗体文件和扩展名为.vbf 的工程文件，如图 7-16 所示。

完成保存后，在安装 VSS 的系统中会弹出提示对话框。由于程序比较简单，一般不需要进行版本控制，在该提示对话框中单击 NO 按钮即可。

6) 编译程序

调试成功的程序保存后，需要将已经编写好的程序编译成 EXE 可执行文件，以方便用户在其他计算机上运行。具体方法是：选择【文件】|【生成工程 1.exe】命令，在打开的【生成工程】对话框中输入想要生成的 EXE 文件名称，然后单击【确定】按钮即可，如图 7-17 所示。

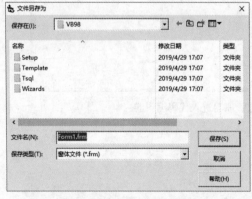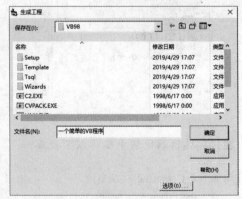

图 7-16 【文件另存为】对话框   图 7-17 【生成工程】对话框

实验二　指定输入值类型的文本框

【实验目标】

● 熟悉 VB 中文本框的使用方法。

- 了解文本框输入内容的验证方法。

【实验内容】

设计并实现一个指定输入值类型的文本框的窗口。

【实验步骤】

1. 设计窗体

选择【文件】|【新建工程】命令，打开【新建工程】对话框，选择【标准 EXE】选项，单击【确定】按钮。在系统自动创建的新窗体中，添加一个名为 Text1 的控件，如图 7-18 所示。

2. 编写代码

窗体界面设计完成后，单击工程资源管理器中的【查看代码】按钮 ，进入代码编辑器中。在代码编辑器区域中编辑以下代码：

```
Private Sub Text1_KeyPress(KeyAscii As Integer)
        Char = Chr(KeyAscii)
        If IsNumeric(Char)Then
        KeyAscii = Char
        MsgBox "禁止输入数值型数据!
        "End If
End Sub
```

3. 调试并保存工程

完成程序编写后，按 F5 键即可成功运行。当用户尝试在程序中的文本框中输入数值型数据，将打开图 7-19 所示的提示对话框。

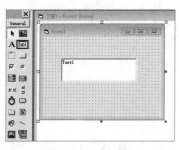

图 7-18　创建窗体　　　　　　图 7-19　禁止输入数值型数据

选择【文件】|【保存工程】命令，在打开的【文件另存为】对话框中选择工程的保存路径，然后单击【保存】按钮保存工程。

实验三　华氏温度转摄氏温度

【实验目标】

- 熟悉标签、文本框及命令按钮等基本控件的使用方法。
- 掌握文本框内容的获取方法。

● 掌握算术表达式的使用方法。

【实验内容】

设计并实现一个可将华氏温度转换为摄氏温度的程序。

【实验步骤】

1. 创建工程文件

选择【文件】|【新建工程】命令，打开【新建工程】对话框，选择【标准 EXE】选项后，单击【确定】按钮。在系统自动创建的新窗体中，添加 Text1 和 Text2 控件和 Command1 按钮，如图 7-20 所示。选中 Command1 按钮，在【属性】窗口中将该按钮的说明文字设置为"转换"，如图 7-21 所示。

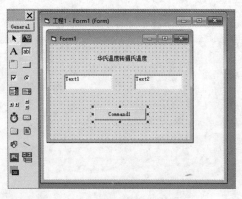

图 7-20　创建窗体　　　　　　　　　　　　　图 7-21　设置按钮上的文字

2. 编写代码

窗体界面设计完成后，单击工程资源管理器中的【查看代码】按钮，进入到代码编辑器中。在代码编辑器区域中编辑以下代码(见图 7-22):

```
Private Sub Command1_Click()
        Text2 = Format(5 / 9 * (Val(Text1) - 32), "0.00")
End Sub
```

3. 调试并保存工程

完成程序编写后，按 F5 键即可成功运行。用户在 Text1 文本框中输入一个华氏温度值后，单击【转换】按钮即可在 Text2 文本框中将华氏温度转换为摄氏温度，如图 7-23 所示。

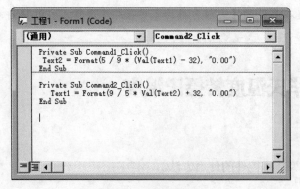

图 7-22　编写程序代码　　　　　　　　　　　图 7-23　程序运行结果

选择【文件】|【保存工程】命令，在打开的【文件另存为】对话框中选择工程的保存路径，然后单击【保存】按钮保存工程，如图 7-24 所示。

4. 编译程序

选择【文件】|【生成工程 2.exe】命令，在打开的【生成工程】对话框中输入想要生成的 EXE 文件名称，然后单击【确定】按钮，如图 7-25 所示。

图 7-24　【文件另存为】对话框

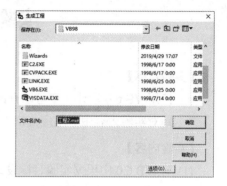

图 7-25　【生成工程】对话框

第二部分　综合实验

实验一　数字时钟

【实验目标】

- 使用 VB 6.0 设计一个数字时钟程序。
- 针对实验内容中"数字时钟"程序使用的技术提出要求(如了解、理解或掌握等)。

【实验内容】

(1) 在 VB 6.0 中根据实验目标设计一个窗体。

(2) 编写代码实现"数字时钟"程序。

(3) 调试并保存工程。

实验二　倒计时

【实验目标】

- 使用 VB 6.0 内容设计一个倒计时程序。
- 针对实验内容中"倒计时"程序使用的技术提出要求(如了解、理解或掌握等)。

【实验内容】

(1) 在 VB 6.0 中根据实验目标设计一个窗体。

(2) 编写代码实现"倒计时"程序。

(3) 调试并保存工程。

实验三　星座查询

【实验目标】

● 使用 VB 6.0 设计一个可以查询星座的程序。

● 针对实验内容中"星座查询"程序使用的技术提出要求(如了解、理解或掌握等)。

【实验内容】

(1) 在 VB 6.0 中根据实验目标设计一个窗体。

(2) 编写代码实现"星座查询"程序。

(3) 调试并保存工程。